U0098117

My Felt Doll

雪莉・唐恩 Shelly Down 著

徐曉珮 譯

超可愛不織布娃娃和配件

原寸紙型輕鬆縫、簡單做

◆ Contents ◆

一起來手縫 超可愛的不織布娃娃 4．如何使用本書 6．
認識不織布 8．其他基本道具和材料 10

Basic Doll

Little Mermaid

Girls' Night Out

Flower Fairy

Beach Babe

Prima Ballerina

一起來手縫　超可愛的不織布娃娃

　　剛開始做不織布娃娃時，那時對女紅了解不多。想起小時候，奶奶曾手把手教我幾種基礎針對，但那時不愛學，總覺得縫縫補補這事，是老太太們閒來沒事才玩的東西！現在想來，還真是錯得離譜。

　　雖然開始製作娃娃時會的針法非常少，但很快的隨著不斷的練習，我的作品進步得非常快速。現在對我來說，親手創造手工不織布娃娃不但好玩，還是非常珍貴的體驗。在縫製過程中，我總在快結束前，猜測自己最後會用幾針來完成手上這個娃娃，這種從無到有、獨自完成的感覺真棒，因為娃娃上的每一針都代表了點滴的心血！

　　我的許多設計取材自經典童書、童話故事和可愛的日式造型。每次想到一種娃娃或玩偶，就會在筆記本裡畫下基本的設計圖，然後把圖樣拆解開來，在方格紙上畫出紙型。光是紙型，就要畫上很多次才能得到讓我滿意的成果，不過努力的過程在作品完成後就會發現一切都很值得！

　　我認為紙型的製作說明必須簡單易懂，讓初學者也可以覺得自己能夠做出好的作品。能夠親手創作是一件很棒的事情，尤其如果過程好玩又容易上手。

　　現在就把塵封的剪刀和針線包拿出來，親自來體驗手縫的樂趣！

關於作者
雪莉・唐恩（Shelly Down）
住在美麗的加拿大哥倫比亞省新西敏市，喜歡蒐集古老的兒童繪本，尤其是童話故事與唸謠，也熱愛日本少女漫畫，尤其是1950-1970年代的復古畫風。

雪莉・唐恩
Shelly Down

本書最基本款是〈一做就上手的基礎娃娃〉，因此強烈建議先從此款入手。基礎娃娃的紙型適用於本書中所有的作品，可搭配不同的五官與髮型變化。接下來會介紹11種主題造型，包括了女學生、小公主、海灘美女等。這些作品的解說都很簡單易懂，附帶現成的紙型與圖示，即使是初學者也能夠樂於其中。

本書採用了許多種類的不織布來製作娃娃和造型，例如手織羊毛不織布、純羊毛不織布、羊毛混紡不織布和化纖不織布（見P8〈認識不織布〉）。製作方式是使用繡線（棉線）全手工縫製，針法參見本書P118的〈手縫針法介紹〉。不需要留縫份，也不用在縫好之後將不織布翻面，因為每一個部件都是不織布正面朝外來縫合。

完成的娃娃大約25公分（10英吋）高，非常適合讓孩子塞進口袋裡帶出去玩！

◆ 認識不織布 ◆

　　不織布是一種神奇的布料！除了使用簡單之外，它不像大多數的布料那樣，剪開之後邊緣會鬆散或是鬚掉。傳統上，不織布是將羊毛（毛線）鋪墊起來壓製而成。這樣的製程讓不織布成為一種用途廣泛的布料，尤其適合拿來縫製娃娃。另外，也可以混合羊毛和其他纖維，或是直接使用合成纖維或壓克力纖維。

　　不織布的種類繁多，建議盡量選擇品質優良的羊毛或羊毛混紡不織布，來縫製本書中娃娃的身體。高品質的不織布是用羊毛製成，會比合成纖維或壓克力不織布更為耐用，處理起來也比較不會變形。為了讓大家更熟悉這種神奇的材質，以下列出市面上可以買到的一些不同種類的不織布。

◆ 純羊毛不織布

純羊毛不織布通常是用最靠近綿羊皮膚部分的羊毛製成，所以非常綿密柔軟，剪裁邊緣乾淨俐落，縫製起來非常漂亮。比起其他種類的不織布，純羊毛不織布厚實許多，而且比較不會起毛球，也不容易在縫線部分被扯壞或是變形。羊毛原本就是可燃、防水、不會毛邊，所以這種不織布也有這樣的特性。純羊毛不織布可以買到許多豐富而鮮豔活潑的顏色。

◆ 羊毛混紡不織布

羊毛混紡不織布很多時候都是混合羊毛和縲縈。縲縈是一種從主要來自木漿的纖維素所精煉出的材質，特性非常類似棉或麻，所以很適合與其他纖維混合。羊毛混紡不織布和純羊毛不織布很像，都很柔軟耐用，不太會起毛球，剪裁縫製都很容易順手。而且羊毛混紡不織布和純羊毛不織布一樣，不容易變形，不會鬚邊，可以應用在很多類型的手作工藝上。

◆ 針織羊毛不織布

這應該算是所有不織布中我最喜歡的一種！是使用
100%羊毛織成，然後用蒸氣加壓氈化。這種不織布
有著針織般細膩的特性，不管是看起來還是摸起來都
非常柔軟，而且有許多顏色或花紋可以選擇。

◆ 壓克力與環保不織布

壓克力不織布十分平價，可以染成各種不同的顏色，
在大多數手工藝品店裡是已經裁剪成塊來販售。簡單
來說，壓克力不織布是用塑膠纖維製成的不織布。環
保不織布也是一樣，但使用的原料來自回收的寶特
瓶。因為這兩種不織布都不貴，而且很容易買到，所
以相當適合想要練習技巧的手作、手縫初學者。

◆ 新式印花不織布

印花不織布現在受到許多人喜愛，而且擁有非常多
樣的花紋與圖案。這種不織布通常是用聚酯纖維或
合成纖維製成，非常密實，使用在任何作品上都能
增添可愛迷人的氣息。

其他基本道具和材料

在縫製娃娃和衣服的時候，還需要一些基本手縫工具和裝飾，列舉如下。最基本的工具包括：銳利的裁縫剪刀和刺繡剪刀，珠針和縫針，幾塊不織布，繡線（棉線），水消筆，尺和填充棉花。只要是布藝或手工藝品店應該都可以找齊這些用品。等之後手縫的功力增強，可以再添加別的工具和材料。每個主題額外需要的材料，請參照每一章一開頭「工具和材料」的部分。所以在開始剪裁縫製之前，請先仔細閱讀說明。

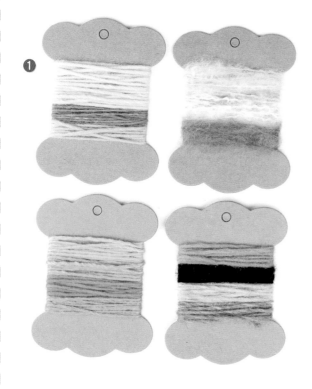

♦ 羊毛（毛線）❶

毛線是用來做為頭髮使用。個人覺得製作不織布娃娃最難的部分，其實就是在選擇頭髮。因為毛線的種類實在太多，而且顏色區分又很精細，讓人很難決定。其實不管怎樣的毛線都可以拿來當成娃娃的頭髮，所以儘管大膽地嘗試不同的質地與顏色吧！以下我會介紹了一些自己在書中使用過的毛線做為範例。

毛海：安哥拉羊毛製成，是一種從很久以前就開始使用的毛料。滑順柔軟，觸感非常好。還有許多不同的種類，例如拉絨毛海或毛圈毛線，具有捲曲狀的外表。

冰島羊毛：由冰島綿羊的羊毛製成，是一種相當粗糙的羊毛，不過我倒是相當喜歡，因為這種毛線呈現出很可愛的波浪，用來製作娃娃的頭髮剛剛好。我個人偏好使用Lett-Lopi Lite這個牌子。

羊毛混紡：市面上可以買到許多不同種類的混紡毛線，有天然材質，也有壓克力纖維。

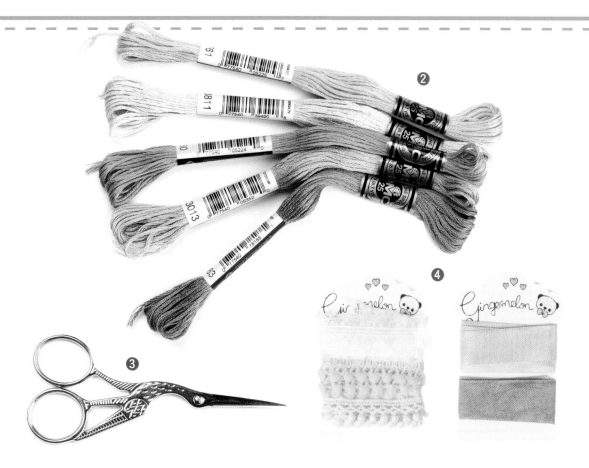

♦ 繡線（棉線）❷

大部分手工藝品店都會販賣繡線，顏色種類眾多。我偏愛DMC的純棉繡線，一種100%埃及棉製成的柔軟棉線。因為經過兩次絲光處理，所以散發出亮麗的光澤，而且適用於所有種類的布料。

一支繡線裡面有六股，很容易分開，所以只要改變使用的股數就可以調整針腳的粗細厚度。本書中的娃娃，所有縫線和五官縫製都只需要用一股線。

♦ 刺繡剪刀 ❸

標準的刺繡剪刀有著細長的刀刃和堅固的結構，非常適合用來裁剪小塊的不織布片和零碎線頭。

♦ 裁縫剪刀

不織布是相當密實的布料，不是很好剪裁，甚至可能會讓剪刀變鈍。因此，如果有能力的話，裁縫剪刀盡可能買高級一點。這樣不只剪不織布的時候游刃有餘，刀刃的銳利度也可以持久一些，多花這筆錢不會後悔！

♦ 珠針和縫針

珠針和縫針一定要很尖銳，因為鈍的針頭會在布上留下不容易消失的洞。我在縫製娃娃的時候喜歡用細一點的珠針和縫針，比較容易穿透密實的不織布。

♦ 娃娃長針

這是一種很長的粗針，主要是用來縫合娃娃的四肢和身體，可以在布藝或手工藝品店買到。

♦ 花邊 ❹

市面上有許多不同種類與顏色的花邊，可以用於裝飾娃娃的衣服。本書中我較常使用的是細的棉蕾絲、絨球花邊和細的彈性透明蕾絲，感覺細緻優雅。

♦ 布邊快乾膠

布邊快乾膠是一種透明的黏膠，可以防止布料的邊緣散開，一般可以在布藝店購買。在布料、緞帶、蕾絲花邊或包邊帶剪開的邊緣塗上一小滴布邊快乾膠，就不用擔心鬚邊問題了。

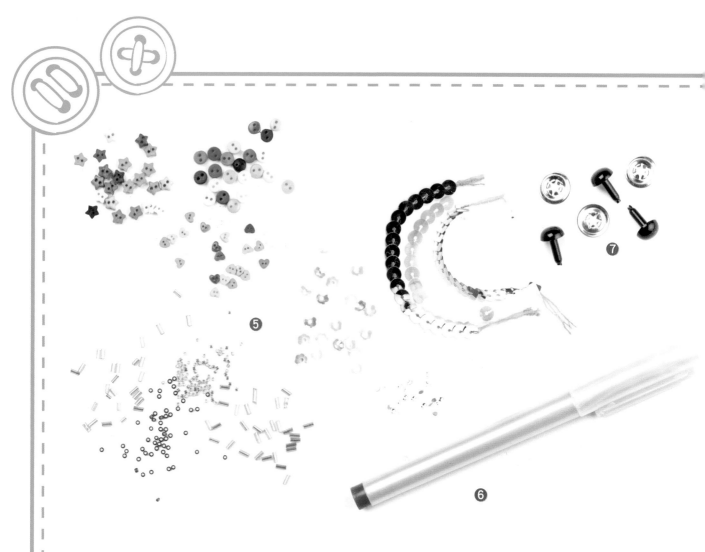

♦ 珠珠、亮片和亮粉 ❺

這些小小裝飾有著各式各樣的顏色與光澤，可以讓娃娃看起來更亮麗。譬如亮粉，會閃、會亮、會閃亮，我還需要說什麼嗎？

♦ 水消筆 ❻

這種筆的墨水久了以後會看不見，顏色通常是藍或紫，用來在布料上畫出標記。墨水會隨著時間過去而消失，如果碰到一點水的話會消失得更快。所以在縫好娃娃之後，可以用棉花棒沾水，輕觸仍留有標記的地方。墨水會立刻變深，但乾了以後就會完全消失。

♦ 安全眼珠和固定扣 ❼

安全眼珠，或稱工藝眼珠，有許多不同的尺寸與顏色，主要是用在手作填充玩具和手織玩偶身上。安全眼珠一組有兩個零件：塑膠的前端（眼珠）後面接著平滑或螺紋的塑膠柱，另一個則是塑膠或金屬的固定扣，可以套在眼珠後方。本書所使用的全部是黑色安全眼珠，直徑

10.5毫米（5/8英吋），平滑的塑膠柱，金屬的固定扣。不過你也可以用其他顏色的眼珠來製作屬於你的娃娃。

♦ 髮夾和髮束

這些小小裝飾有著各式各樣的顏色與光澤，可以讓娃娃看起來更亮麗。譬如亮粉，會閃、會亮、會閃亮，我還需要說什麼嗎？

♦ 壓扣

壓扣，又稱按扣或暗扣，用途是可以接合布料。一組有兩個可以互相扣住的小圓扣，金屬或塑膠製都有。扣住的時候會卡在一起，要用一定的力量才能解開。凹下去的是母扣，凸起來的是公扣。

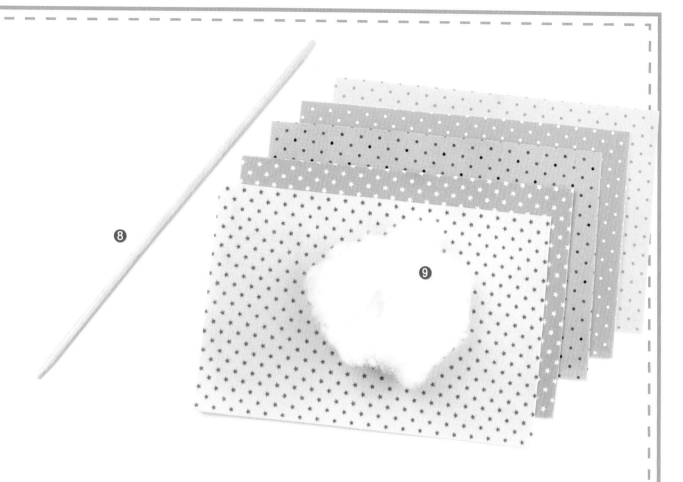

♦ 背鉤和鉤眼

這是另一種可以接合布料的零件。一組包含了一個用扁鐵絲彎成的金屬鉤，還有一個同樣材質、讓金屬鉤鉤住的鉤眼。

♦ 透明速乾工藝膠

工藝膠可用於將頭髮黏合在娃娃頭上，以及處理髮型，還有讓亮粉黏在不織布上。

♦ 尺和鉛筆

你會需要普通的尺和鉛筆來繪製一些紙型上的格線。

♦ 木湯匙和竹籤 ❽

這是用來塞入棉花的工具。用木湯匙將填充棉花塞進較大的空間，然後用竹籤來處理較小的地方。

♦ 填充棉花 ❾

工藝品店可以找到許多不同種類的填充棉花，有天然的也有合成的。我喜歡使用優質的聚脂纖維，觸感柔軟舒適，而且不易變形。

♦ 錐子和鐵絲剪

這兩樣工具不是必備，不過錐子在娃娃臉上挖洞裝安全眼珠的時候很實用，鐵絲剪則是在裝好安全眼珠後，修剪塑膠柱會變得很容易。

♦ 紙

將書上的紙型描繪到影印紙上再剪下來。記得標明每一片紙型的名稱，才不容易搞混。

基礎娃娃的做法

HOW
TO SEW
The
BASIC DOLL

一做就上手的基礎娃娃

　　本書中這些可愛的不織布小娃娃，除了小美人魚之外，都是用本篇所介紹的基礎紙型製作而成。小美人魚的下半身是魚尾巴而不是兩條腿，所以另有專門紙型。基礎娃娃的材料是百分之百美麗諾羊毛不織布和美麗諾羊毛混紡不織布，使用繡線（棉線）全手工縫製，針法請參見P118〈針法介紹〉章節。作者盡量簡化做法，因此製作時不需留縫份，也無須在縫好之後將不織布翻面，因為所有部件都是不織布反面相對朝內縫合。完成的娃娃大小剛好可以讓所有的小孩輕鬆帶出去玩！

工具和材料

・裁縫剪刀・刺繡剪刀・珠針・縫針・娃娃長針・水消筆
・粉紅色鉛筆或腮紅・透明速乾快乾膠・尺・棉花棒・木湯匙
・竹籤或筷子・紙型剪裁用紙・鞋盒蓋・備用工具：錐子、鐵絲剪

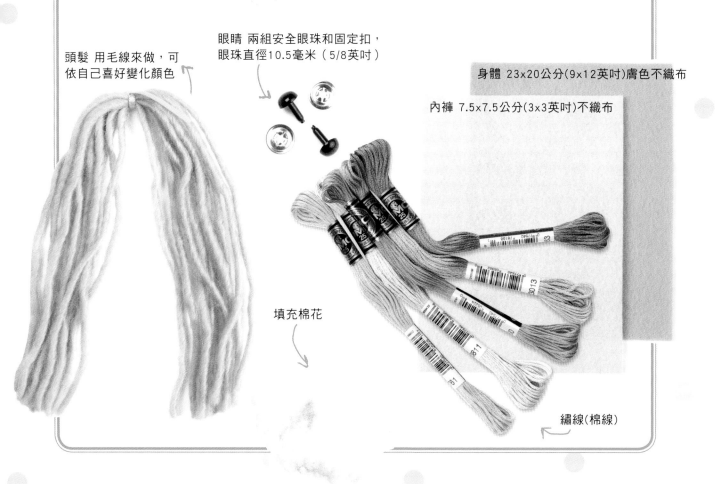

頭髮 用毛線來做，可依自己喜好變化顏色

眼睛 兩組安全眼珠和固定扣，眼珠直徑10.5毫米（5/8英吋）

身體 23x20公分(9x12英吋)膚色不織布

內褲 7.5x7.5公分(3x3英吋)不織布

填充棉花

繡線（棉線）

立體感十足的
手工娃娃，讓
人愛不釋手！

④ 最後，在腿部用水消筆標記筆畫上腳踝線。

⚘ 頭部 ⚘

① 使用水消筆，按照紙型上的標記，在剪好的頭部不織布片上畫上五官記號。

② 用莖幹繡（見P118〈手縫針法介紹〉）在臉上繡出鼻子和嘴巴。

▲ 可愛的大眼珠，讓眼睛炯炯有神。

③ 用刺繡剪刀或錐子小心地在X處的中心點，也就是橫線和直線的交叉處（見圖**A**），鑽出兩個小孔。

④ 插入安全眼珠，背後用固定扣固定。固定扣盡可能扣到最緊（見圖**A**）。

POINT這樣做更好：在固定好眼珠後，用鐵絲剪將安全眼珠的塑膠柱修到比固定扣的位置多4毫米（1/8英吋）的長度。

⚘ 紙型剪裁 ⚘

① 將基礎娃娃和主題造型的紙型影印或描繪在紙上。剪下紙型，把每一片紙型用珠針固定在要使用的不織布上。

② 小心地沿著紙型剪下，大片的用裁縫剪刀，小片的用刺繡剪刀。

③ 娃娃頭部要畫上記號格線，剪好後不要把珠針拆掉，輕輕從外緣掀起紙型，用水消筆標在不織布上標記格線的起始點。然後把紙型拿掉，用尺畫好完整格線，之後才容易固定眼睛、鼻子和嘴巴的位置。

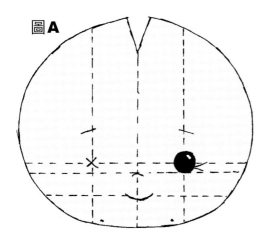

圖**A**

⑤ 用直針（見P118〈手縫針法介紹〉）在
眼珠上方繡上眉毛。另外用粉紅色鉛筆
或腮紅在兩邊臉頰上點顏色。

⑥ 將頭部的前片與後片縱向對折，反面朝
內，用鎖邊縫（見P118〈手縫針法介
紹〉）分別將兩片頭部的V型小缺口縫
合起來。這樣可以讓頭部顯得更為立
體。

（見P118〈手縫針法介紹〉）（見P118〈手縫針法介紹〉）

◦━ 小訣竅 ━◦

使用單股繡線（棉線）來縫製所有
的針腳和五官。每一針都要細密、
精巧而間隔平均，這樣填充棉花才
不會從針腳縫隙中跑出來，作品看
起來才有細緻的專業感。

❧ 組合頭部 ❧

① 將頭部前片疊在頭部後片上，反面相對，
用珠針固定。從頭部底下的A點開始，用
布邊縫（見P118〈手縫針法介紹〉）一
路縫到B點（見圖**B**）。線頭不要打結。

② 將棉花塞入頭部，用木湯匙輕輕往內推
滿。繼續往頭部塞入棉花，塞到接近開
口時，用竹籤或筷子輕輕把填充棉花推
多一些到臉頰部位（見圖**B**）。

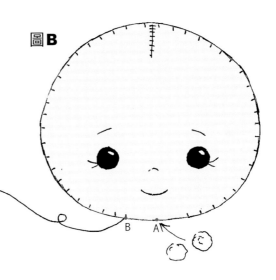

圖**B**

③ 快要塞滿到底部開口時，開始用布邊
縫縫合開口，一邊縫一邊繼續塞入棉
花，開口縫合之前再把臉頰部位弄飽
滿一點，讓頭部呈現非常圓潤飽滿，
但又不到棉花會爆出來的地步。

❶ 將身體前片疊在身體後片上，反面相對。用鎖邊縫縫合整個身體，從頸部左邊A點開始，一路到頸部另一側和肩膀相接的地方B點為止（見圖C）。

❷ 將棉花塞入身體，用木湯匙輕輕往內推滿。繼續往身體塞入棉花，塞到接近肩膀的開口時，用竹籤或筷子輕輕把填充棉花多塞一些進去（見圖C）。

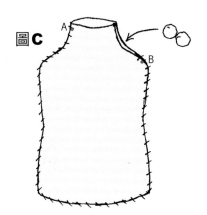

❸ 繼續使用鎖邊縫縫合到頸部的另一側並打結，但不要剪斷。再多塞一些棉花到頸部。

❹ 用細密的縮口縫（見P118〈手縫針法介紹〉）收起頸部上端的開口。輕輕把線拉緊收緊，一邊再多塞一些棉花讓頸部不會鬆垮。頸部的棉花盡可能塞滿、塞緊，這樣才能好好支撐頭部（見圖D）。

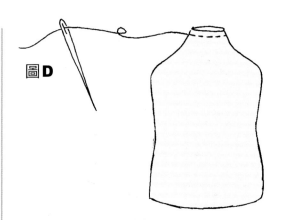

❺ 開口縫合後整個拉緊縫死，讓頸部變成一個牢固的圓形縮口。線頭讓先不要剪斷，待會兒要用來縫合頭部與身體（見圖E）。

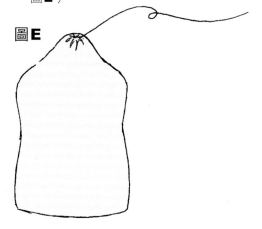

❶ 同一條手臂的兩片不織布反面相對疊好。用鎖邊縫縫合，手臂外側留下塞入棉花的開口（見圖F）。

❷ 棉花撕成小塊塞入手臂，用竹籤輕輕將棉花推入上臂和手部。繼續用小塊棉花塞滿整條手臂，然後用鎖邊縫縫合開口。

❸ 重複步驟1和2，製作另一條手臂。

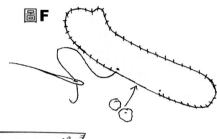

圖**F**

╾╾╾╾ 腿部 ╾╾╾╾

❶ 同一條腿的兩片不織布反面相對疊好,用
鎖邊縫縫合,從A點縫到B點(見圖**G**),
但先不要打結。

❷ 棉花撕成小塊塞入腿部,先將腳踝線標
記前端的部分塞滿,然後用珠針順著腳
踝線插入固定,穿到腳的後方再穿出來
前方(見圖**G**)。接下來再加幾小塊棉
花塞滿小腿的部分。

❸ 將穿了線的針穿入腳踝線中央,然後從
腳踝邊緣穿出來(見圖**G**)。

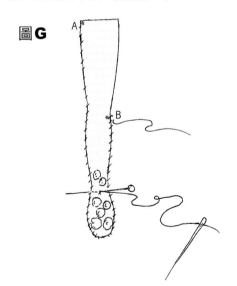

圖**G**

❹ 將腳掌折成90度小心壓好,用梯形縫(
見P118〈手縫針法介紹〉)沿著腳掌

和小腿連接處的腳踝線縫過去。縫到另
一側之後,拿掉珠針,沿著之前的縫線
再加上一道梯形縫,好讓關節穩固並能
維持腳掌的形狀。最後打結剪斷(見圖
H)。

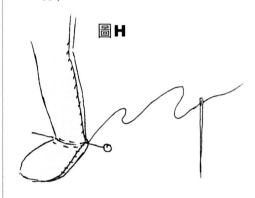

圖**H**

❺ 用竹籤把填充棉花塞進腳跟。

❻ 從B點繼續用鎖邊縫縫到C點(見圖**I**)。
線頭打結,但不要剪斷。

❼ 用棉花將整條腿塞滿,塞到離頂部開口
約5毫米(1/4英吋)處停止,接著用布
邊縫縫合腿部頂端(見圖**I**)。

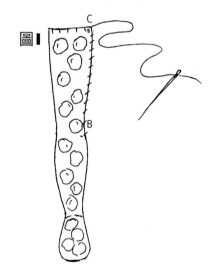

圖**I**

❽ 重複腿部步驟1-7,製作另一條腿。

✤ 組合頭部與身體 ✤

① 頭部放到頸部中央位置，頭部兩側縫線與頸部兩側縫線對齊。

② 用兩根珠針從身體正面胸部位置插下去，往上穿到頭部固定。將娃娃翻過來，背面朝上，從背部插入兩根珠針，往上穿到頭部後方固定。

③ 再將娃娃翻回正面，用留在頸部沒有剪斷的線，以梯形縫的針法縫合頭部和頸部，從頸部右側開始下針。先從頭部和頸部前方縫過去到對側縫線，然後再沿著頭部後方縫回一開始下針的位置（見圖**J**）。

圖J

④ 如果覺得還是有點不牢，可以照著前面的方式再多縫幾圈，讓頭部和頸部確實固定。梯形縫每多一圈就要稍微寬一點，下針要比上一圈在頸部的位置更往下一點，在頭部的位置更往上一點，大約多1-2毫米（1/8-1/32英吋）。這樣頭部和頸部會連結得更加緊密，變得更加穩固。

⑤ 梯形縫的針腳必須非常細膩，縫合的時候也要保持筆直，這樣每一條縫線才能精準對上。在縫合的時候，不時輕輕拉緊縫線，讓針腳隱沒在布裡，但不要拉得太緊，以免縫線凹凸不平。

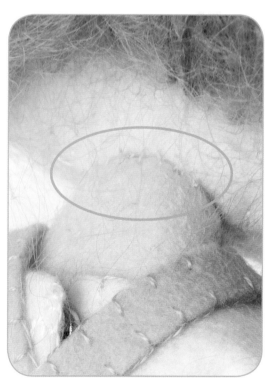

▲ 組合頭部與身體要特別細心，才能讓兩者緊密穩固。

❶ 用珠針將手臂固定在身體兩側。使用娃娃長針，繡線穿成雙股，將針穿過其中一條手臂的腋下，然後穿進身體側邊縫線手臂的位置，再直接從另一側手臂的位置穿出來。

❷ 娃娃長針穿進另一條手臂，接下來就像要在兩條手臂上端縫上兩眼鈕扣一樣，把長針再次穿進身體側邊，從原來那條手臂出來，重複這個步驟多次，最後在其中一條手臂的腋下打結剪斷（見圖**K**）。

❸ 用珠針將兩條腿固定在身體下方，每一條腿的前面和後面都用梯形縫沿著縫線縫合起來（見圖**L**）。

圖**L**

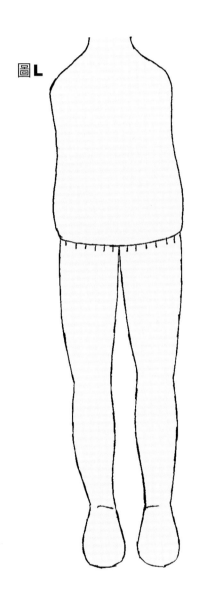

圖**K**

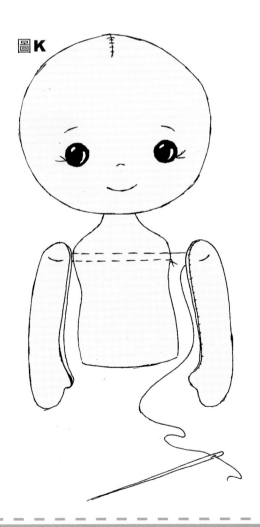

❶ 植髮的第一個步驟，是將要使用的毛線（球）繞在鞋盒蓋上。我自己製作的娃娃大概是毛線剪開後會有66股線，每一股長約50公分（20英吋）（見圖**M**）。

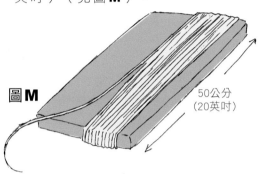

圖**M**

50公分
（20英吋）

❷ 小心地取下鞋盒蓋上的毛線，維持毛線的平整，不要揪在一起。用一段對比色的毛線束在毛線中央，但不要打結。將這束毛線的兩端剪開，讓髮尾變直。

❸ 把這束毛線直接放在頭部的縫線中央，用珠針固定（見圖**N**）。

圖**N**

❹ 用搭配頭髮顏色的繡線穿成雙股來將這束毛線縫在頭上。針從娃娃後腦勺縫線下面一點的位置穿進毛線下方，然後從前額縫線下方穿出來，穿針的同時將線拉緊。接著把束在毛線中央的對比色毛線取下。

❺ 重複步驟4數次，讓髮束固定在頭部縫線的位置，最後在後腦勺打結剪斷。

❻ 將所有的頭髮抓起來，露出後腦杓。用棉花棒塗上一層透明速乾工藝膠，均勻塗抹整個後腦杓（見圖**O**）。

圖**O**

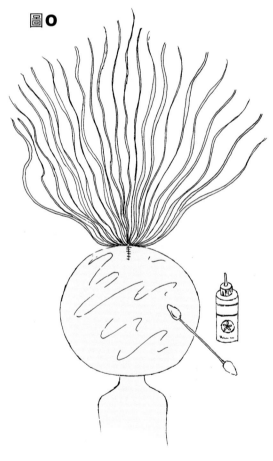

⑦ 小心地將毛線一股一股貼到塗了膠水的後腦勺上，讓後腦勺被一層毛線完全覆蓋。每一股毛線都要筆直均勻，從頭頂貼到底下。髮束頂端剩下的毛線要等膠水完全乾了以後再放下來蓋住底層的頭髮（見圖**P**）。

圖P

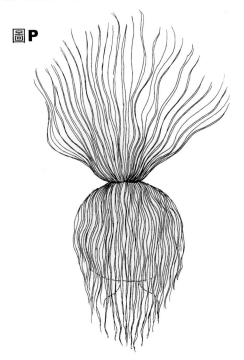

⑧ 用棉花棒輕輕地把每一股毛線壓到膠水上黏牢。

▲ 頭髮需要小心處理，才不會亂成一團，失去整體感。

⑨ 頭部正面兩側也順著縫線塗上一道膠，蓋上一兩股毛線，等膠水乾透。

⑩ 最後修剪髮尾，也可以修出額前瀏海（見圖**Q**）。

圖Q

❶ 在內褲紙型的不織布片正面,用對
比色的繡線繡上雛菊繡(見P118〈
手縫針法介紹〉)。

❷ 從交叉處對折內褲,反面朝內。用搭
配內褲顏色的線以鎖邊縫縫合兩側。

❸ 用對比色的繡線在腰圍和褲腳加上布
邊縫,可以強化這些開口的地方,避
免在幫娃娃換衣服時翻起。

基礎娃娃紙型
所有紙型都是實物大小尺寸，不需要放大或縮小。

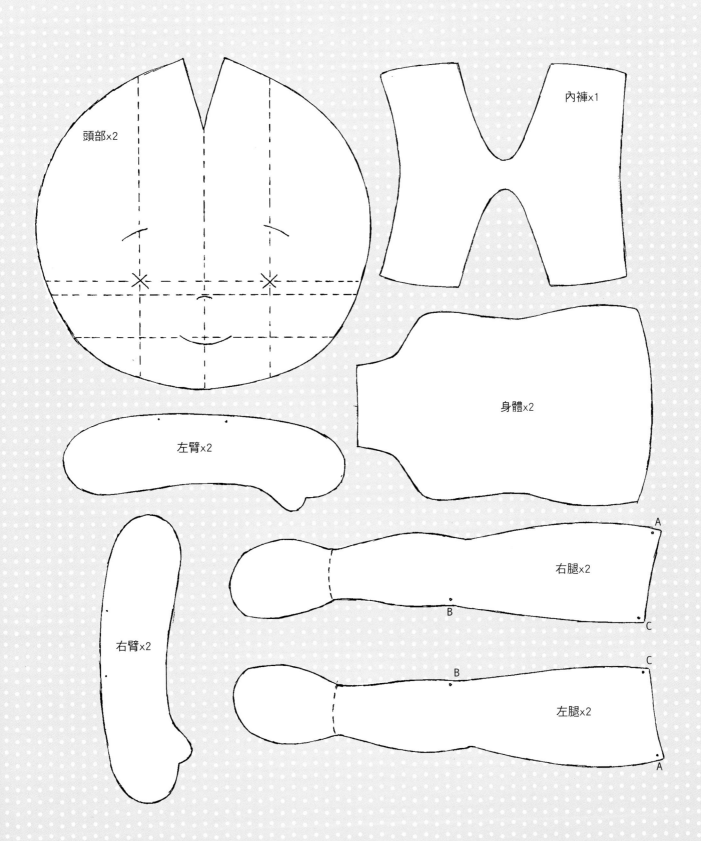

頭部x2

內褲x1

身體x2

左臂x2

右臂x2

右腿x2

左腿x2

童趣十足的小美人魚

　　迷人的小美人魚娃娃，靈感來自神祕的童話故事。她上身穿著背扣式的繡花貝殼比基尼，尾巴上有各種不同的裝飾：不論是維持素色；或是在魚尾中央縫上亮片和珠珠；或是在尾鰭裝飾美麗的繡花和珠珠，都很美麗。我選用美麗的羊駝毛海來當頭髮，更能呈現出柔軟蓬鬆的效果。

工具和材料

· 基礎娃娃的工具和材料（見P17〈一做就上手的基礎娃娃〉）

· 穿珠針 · 小壓扣，直徑5毫米（1/4英吋）

· 金屬小髮夾，2公分（3/4英吋）長

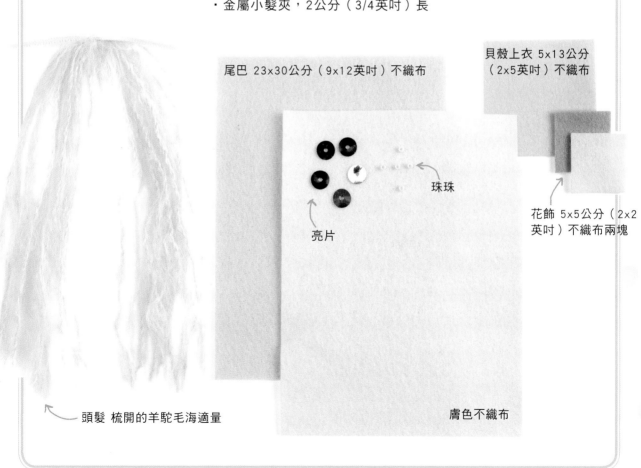

尾巴 23x30公分（9x12英吋）不織布

貝殼上衣 5x13公分（2x5英吋）不織布

珠珠

亮片

花飾 5x5公分（2x2英吋）不織布兩塊

頭髮 梳開的羊駝毛海適量

膚色不織布

🌿 紙型剪裁 🌿

① 參照基礎娃娃紙型剪裁的步驟1-4（見 P17〈一做就上手的基礎娃娃〉）。

🌿 頭部 🌿

① 參照基礎娃娃頭部的步驟1-6（見P17〈一做就上手的基礎娃娃〉）。

🌿 組合頭部 🌿

① 參照基礎娃娃組合頭部的步驟1-3（見 P17〈一做就上手的基礎娃娃〉）。

🌿 身體和尾巴 🌿

① 使用水消筆，按照身體紙型上的虛線，在兩片身體不織布片上畫出同樣標記。這個位置待會兒要和美人魚尾巴的腰部對齊。

▲ 簡單繡花圖樣加上亮片，讓作品更吸睛。

② 如果你想在尾巴和鰭部，加上亮片和繡花圖樣，可以和標記臉部格線一樣（見 P17〈一做就上手的基礎娃娃〉），將尾巴紙型上 的亮片位置標記畫在尾巴不織布前片上。

③ 把尾巴前片放在身體前片上，將尾巴的腰部對齊步驟1中畫好的那條虛線。用貼布縫（見P118〈手縫針法介紹〉）將尾巴的腰縫在身體上。

④ 尾巴後片和身體後片也按照步驟3的方法縫起來，記得要先將布片翻面。

⑤ 在身體正面尾巴腰圍上方繡上一朵小小的菊花繡（見P118〈手縫針法介紹〉），做為娃娃的肚臍。

⑥ 步驟2在尾巴畫上的每個對角線交叉點縫上亮片和珠珠。用短的平針縫（見 P118〈手縫針法介紹〉）直接繡在鰭部畫好的記號線，並在標記點縫上珠珠（見圖**A**）。

圖A

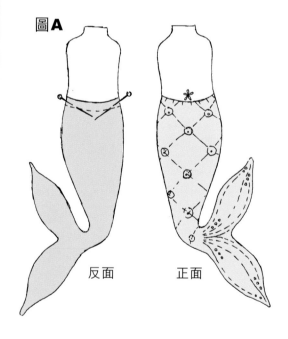

反面　　　正面

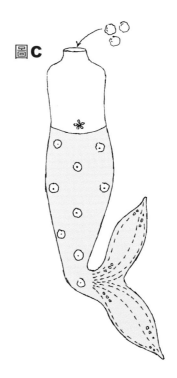
圖C

❀ 組合身體和尾巴 ❀

① 從尾巴腰圍的A點開始，用顏色搭配尾巴的繡線以鎖邊縫縫合到B點，不要打結剪斷（見圖**B**）。塞入小塊的填充棉花，塞滿第一片鰭部。

② 繼續用鎖邊縫縫合到C點，然後用填充棉花塞滿第二片鰭部。再繼續以相同手法縫合並塞滿整條尾巴，一路到另一側的腰圍，然後打結剪斷（見圖**B**）。

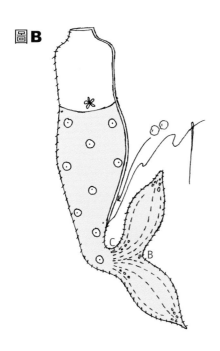
圖B

③ 換顏色搭配身體的繡線，繼續縫合到另一側肩膀和頸部交接處。

④ 從頸部的開口塞入填充棉花，用木湯匙把棉花推進身體和尾巴裡。繼續塞入棉花，塞到肩膀的時候，用竹籤或筷子將棉花推到肩膀部位塞滿（見圖**C**）。

⑤ 參照基礎娃娃中的身體的步驟3-5完成小美人魚的身體和尾巴（見P17〈一做就上手的基礎娃娃〉）。

❀ 手臂 ❀

① 參照基礎娃娃中的手臂的步驟1-3（見P17〈一做就上手的基礎娃娃〉）。

❀ 組合頭部與身體 ❀

① 參照基礎娃娃中的組合頭部與身體的步驟1-5（見P17〈一做就上手的基礎娃娃〉）。

❀ 組合手臂與身體 ❀

① 參照基礎娃娃中的組合手臂與腿部的步驟1-2（見P17〈一做就上手的基礎娃娃〉）。

❶ 參照基礎娃娃中的頭髮的步驟1-10（見P17〈一做就上手的基礎娃娃〉）。

貝殼上衣

❶ 使用水消筆，按照紙型上的貝殼圖樣標記，畫在不織布片上。

❷ 用雛菊繡按照標記縫製貝殼圖樣，然後用布邊縫（見P118〈手縫針法介紹〉）縫製兩個貝殼的外緣。

❸ 將貝殼上衣放到娃娃身上，確認小壓扣的位置，然後在上衣背後縫上小壓扣（見圖**D**）。

圖**D**

▲ 貝殼上衣加上雛菊繡，立馬鮮活了起來。

頭髮花飾

❶ 使用水消筆，在會擺在上面的花飾不織布片上，畫上花飾圖樣標記，用對比色

的繡線按照標記繡好圖樣，但不要打結剪斷。

❷ 將第二片花飾不織布放在第一片的後面，稍微擺斜一點，使得第二片不織布的花瓣稍微露出一點。從兩片花瓣的背後用針線穿過去，從前片花瓣的中心點穿出來（見圖**E**）。

圖**E**

❸ 在前片花瓣的中央縫上珠珠幾顆，然後再把針線穿到花飾背後，將花飾擺在髮夾上，髮夾頭對準花飾中央，用針線縫好固定（見圖**F**）。

圖**F**

項鍊

❶ 項鍊的部分，使用穿珠針，繡線穿成雙股。先在娃娃背後頸部位置縫上幾小針固定線的位置，然後將珠珠串在線上。

❷ 項鍊串好之後，尾端縫在背後頸部相同的位置，讓項鍊不會滑動。

小美人魚紙型

同時使用基礎娃娃的頭部和手臂紙型（見P17〈一做就上手的基礎娃娃〉）。
所有紙型都是實物尺寸，不需要放大或縮小。

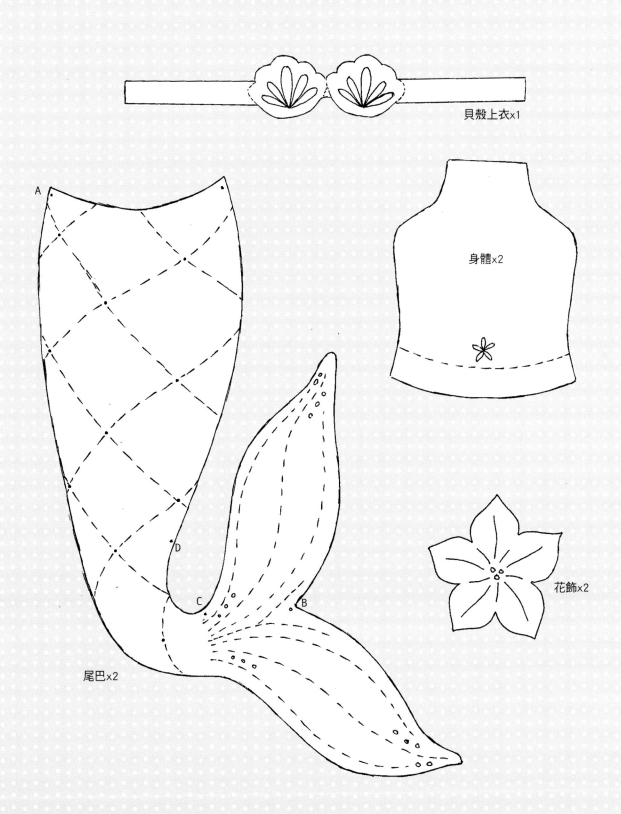

貝殼上衣x1

身體x2

花飾x2

尾巴x2

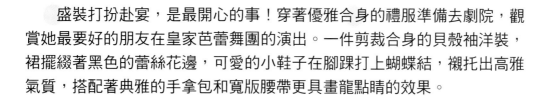

高雅大方的約會女郎

　　盛裝打扮赴宴，是最開心的事！穿著優雅合身的禮服準備去劇院，觀賞她最要好的朋友在皇家芭蕾舞團的演出。一件剪裁合身的貝殼袖洋裝，裙擺綴著黑色的蕾絲花邊，可愛的小鞋子在腳踝打上蝴蝶結，襯托出高雅氣質，搭配著典雅的手拿包和寬版腰帶更具畫龍點睛的效果。

工具和材料

- 基礎娃娃的工具和材料（見P17〈一做就上手的基礎娃娃〉）
- 裙擺的蕾絲花邊—長11.5公分（4 1/2英吋）
- 腰帶用緞帶—長11.5公分（4 1/2英吋），寬1公分（1/2英吋）
- 涼鞋用緞帶—長25公分（10英吋），寬3毫米（1/8英吋）
- 手拿包用的方型亮片・腰帶用的壓扣，直徑5毫米（3/16英吋）
- 布邊快乾膠・5x7.5公分（2x3英吋）卡紙，涼鞋內鞋底用

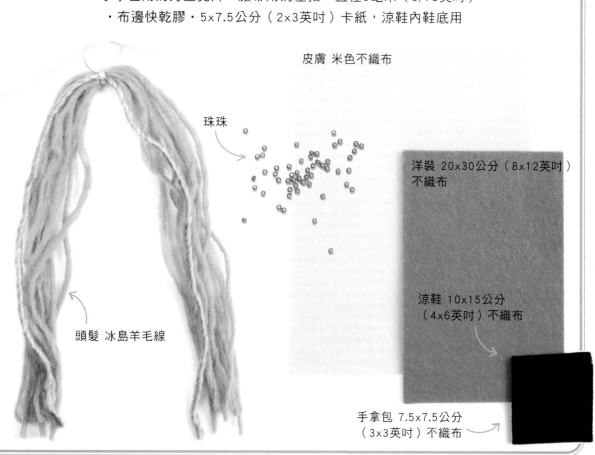

皮膚 米色不織布

珠珠

洋裝 20x30公分（8x12英吋）不織布

涼鞋 10x15公分（4x6英吋）不織布

頭髮 冰島羊毛線

手拿包 7.5x7.5公分（3x3英吋）不織布

🌿 紙型剪裁與組合 🌿

① 參照基礎娃娃的做法步驟，進行到頭髮的步驟10為止（見P17〈一做就上手的基礎娃娃〉）。

🌿 洋裝 🌿

① 使用水消筆，按照洋裝紙型上的標記，畫在剪好的不織布上。

② 從肩膀部分將洋裝對折，反面朝內相對，用珠針固定。以鎖邊縫（見P118〈手縫針法介紹〉）將洋裝縫合，分別從兩側腋窩下的點縫到裙襬（見圖 **A**）。

③ 使用黑色繡線（棉線），沿著洋裝領口以布邊縫縫製（見P118〈手縫針法介紹〉）。從背後一側的 ＊ 開始往上，經過領口，最後回到背後另一側的 ＊。

然後在正面領口標記處縫上珠珠（見圖 **A**）。

④ 從不織布的內側用珠針將蕾絲花邊固定在裙襬，然後用細密的針腳縫合（見圖 **A**）。

⑤ 用鎖邊縫縫合洋裝背後，一樣從 ＊ 處開始，但這次是往下縫到裙襬（見圖 **A**）。

圖A

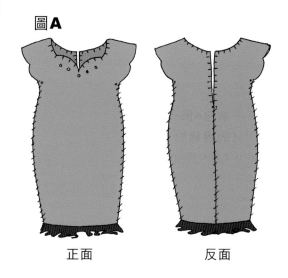

正面　　　　　　　　反面

▲ 紅色不織布配上黑色邊線，呈出眾的高雅氣質。

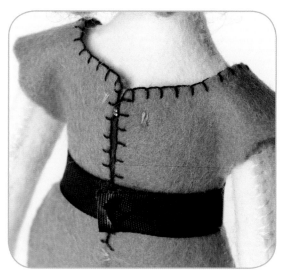

▲ 腰帶一束上，腰線立刻明顯了起來。

⑥ 腰帶的部分，在1公分（1/2英吋）寬緞帶剪斷的兩端分別使用一小滴布邊快乾膠，放置到全乾。

⑦ 將緞帶繞在娃娃的腰上，剪斷的兩端在娃娃背後交錯，確認小壓扣在腰帶上的位置後，用水消筆畫上標記，將腰帶取下，縫上小壓扣。

🌿 手拿包 🌿

① 使用水消筆，按照手拿包紙型上的虛線和標記，畫在剪好的不織布上。

② 將手拿包A部分的底部沿虛線折起，和B部分的邊緣對齊，用珠針固定。用鎖邊縫將A和B部分的兩側縫合，保留頂部開口，塞入一些填充棉花讓手拿包比較立體（見圖**B**）。

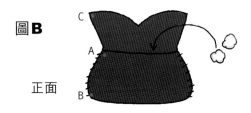

圖**B**

正面

③ 將手拿包翻過來，背面朝上。把方形亮片放在手拿包上蓋兩個貝殼狀邊緣相交的中央，縫好固定，中間再加一顆珠珠（見圖**C**）。先不要打結剪斷。

④ 將C部分下折蓋住A部分，用珠針固定。緊密地縫上幾小針，將上蓋固定在手拿包的正面。這幾針是穿過整個手拿包，從正面縫到背面。

圖**C**

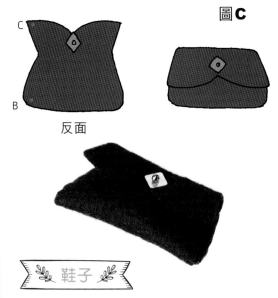

反面

🌿 鞋子 🌿

① 使用水消筆，按照鞋子紙型上的標記，畫在剪好的不織布上。

② 一隻鞋子需要兩片不織布鞋底和一片卡紙鞋底。在廢紙片上擠一點透明速乾工藝膠，用棉花棒在卡紙的其中一面均勻塗上一層薄薄的膠。

③ 將卡紙鞋底放在下片的不織布鞋底上，對齊腳跟和腳趾位置的那些標記。卡紙內鞋底會比不織布鞋底要稍微小一點，這樣不織布鞋底上下兩片待會才能縫合起來。

④ 在卡紙鞋底朝上的那面均勻塗上一層薄薄的透明速乾工藝膠，將不織布鞋底的上片黏在上面。確定三片鞋底都有置中，標記都有對齊（見圖**D**）。

圖**D**

⑤ 重複步驟1-4，製作第二隻鞋子。兩隻鞋子都要放置到透明速乾工藝膠水全乾。

⑥ 用布邊縫按照兩片鞋面上B部分的標記來縫邊。按照鞋面標記位置，在一片鞋面的左側縫上三顆珠珠，另一片鞋面的右側縫上三顆珠珠（見圖**E**）。

⑦ 將一片鞋面放到鞋底上，鞋面中央的A點對齊鞋底頭端中央的標記。用布邊縫將鞋面縫在鞋底上，從A點開始，往左右兩邊縫到B點（見圖**E**）。

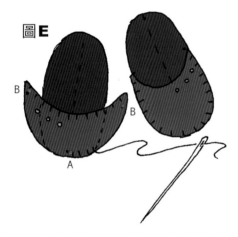

⑧ 鞋跟拉片從中間對折，對齊C點。用布邊縫縫合拉片底邊。

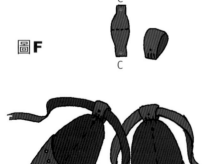

▲ 珠珠與腳踝的蝴蝶結，有畫龍點睛的效果。

⑨ 將縫合好的拉片用珠針固定在鞋底的鞋跟位置，對齊C點。用布邊縫將拉片底邊縫在鞋底邊緣。

⑩ 將3毫米（1/8英吋）寬緞帶對剪成半，拿其中一條穿過鞋跟拉片中間的空隙。幫娃娃穿上鞋子，將緞帶綁在腳踝上。另一隻鞋也重覆此一步驟後完成（見圖**F**）。

約會女郎紙型

同時使用基礎娃娃的紙型（見P17〈一做就上手的基礎娃娃〉）。所有紙型都是實物尺寸，不需要放大或縮小。

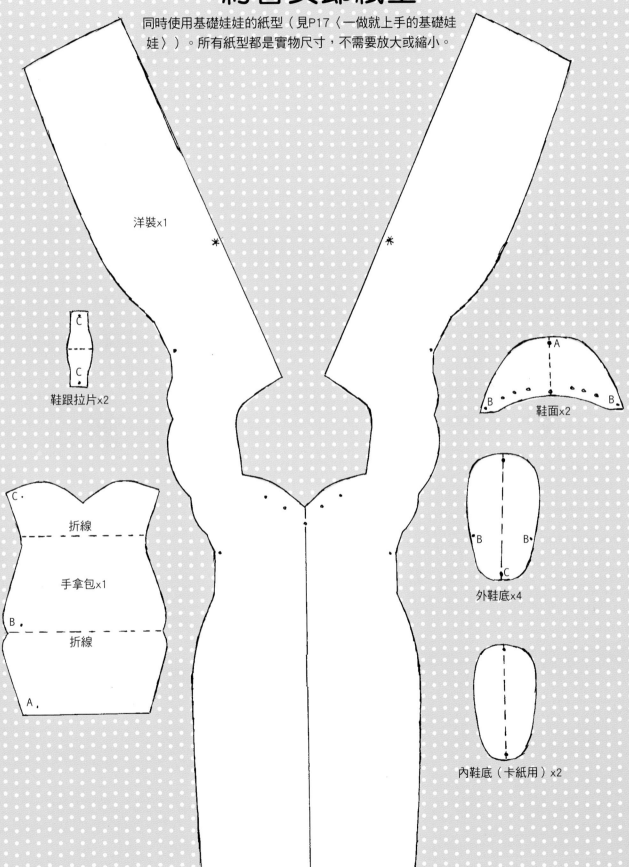

洋裝x1

鞋跟拉片x2

C
C

手拿包x1
折線
折線
C
B
A

鞋面x2
A
B   B

外鞋底x4
B   B
C

內鞋底（卡紙用）x2

俏麗迷人的花仙子

　　春天的清晨，走在花園小徑，一個個可愛的花仙子，張開著一雙晶亮透明的翅膀，在花園裡玩捉迷藏。現在你也可以製作童話故事中常見的可愛花仙子了！這位害羞的花仙子穿著簡單的夏季背心裙，小花亮片和閃亮的珠珠點綴其上。綴著施華洛世奇水晶的精緻翅膀可以隨意取下，頭帶和便鞋上裝飾著珠珠花瓣，既俏麗又迷人！

工具和材料

· 基礎娃娃的工具和材料（見P17〈一做就上手的基礎娃娃〉）
· 顏色搭配的繡線（棉線）· 頭帶用緞帶，30公分（12英吋）長，5毫米
（1/4英吋）寬 · 背心裙用壓扣，直徑5毫米（1/4英吋）· 翅膀用壓扣，直徑9毫米（3/8英吋），施華洛世奇水晶 · 布邊快乾膠 · 鑷子

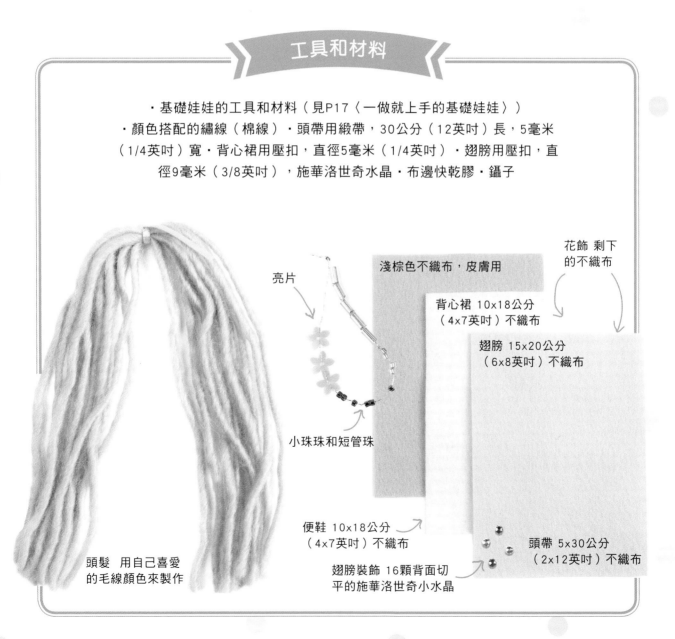

亮片

小珠珠和短管珠

淺棕色不織布，皮膚用

背心裙 10x18公分
（4x7英吋）不織布

花飾 剩下的不織布

翅膀 15x20公分
（6x8英吋）不織布

便鞋 10x18公分
（4x7英吋）不織布

翅膀裝飾 16顆背面切平的施華洛世奇小水晶

頭帶 5x30公分
（2x12英吋）不織布

頭髮 用自己喜愛的毛線顏色來製作

📎 紙型剪裁與組合 📎

1. 參照基礎娃娃的做法步驟,進行到頭髮的步驟9為止(見P17〈一做就上手的基礎娃娃〉)。

📎 頭髮 📎

1. 整理娃娃的髮型,將沒有黏在後腦勺的其他頭髮都抓起來,不要弄亂後腦勺上的頭髮,確保均勻筆直的狀態。

2. 先處理後腦勺上的頭髮,小心地從頸部中央開始往兩旁,剪到肩膀以上的長度。再三檢查兩邊是否等長,不要把頭髮拉得太緊,因為全部整理好之後還會再縮一點。

3. 最底層剪好之後,將其他頭髮放下來蓋住最底層,梳理均勻整齊。按照最底層的長度將其他頭髮剪齊。

4. 瀏海的部分,將前面三、四股毛線剪至剛好碰到眼睛的長度,剪的時候不要拉緊。臉龐兩側也修剪幾股做出層次,營造輕柔的感覺。

📎 背心裙 📎

1. 使用水消筆,按照背心裙紙型前片和後片上所有的標記,畫在剪好的不織布上。沿著前片領口和前後片的裙襬縫上亮片和珠珠(見圖**A**)。

2. 背心裙的前後片邊緣對齊疊在一起,以珠針固定兩側。用鎖邊縫(見P118〈手縫針法介紹〉)縫合背心裙兩側,從腋窩下的星號縫到裙襬上方的＊號。

圖**A**

3. 沿著背心部分的外圍加上布邊縫(見P118〈手縫針法介紹〉)。從腋窩底部開始,領口兩條件帶的外側和內側,到另一邊的腋窩,然後是背心裙後片的上緣。這樣可以強化這些開口,在幫娃娃換衣服時也不容易翻起。

4. 幫娃娃穿上背心裙,確認肩帶壓扣的位置。脫下背心裙,將5毫米(1/4英吋)的壓扣縫在頸部肩帶後端。然後將9毫米(3/8英吋)的翅膀用母扣縫在背心裙後片的X標記位置(見圖**B**)。

圖**B**

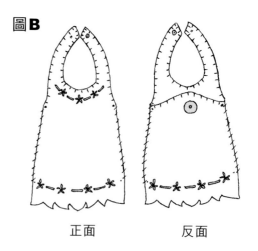

正面　　　　　　反面

翅膀

① 使用水消筆,按照翅膀紙型上所有的標記,
畫在剪好的不織布上。將9毫米(3/8英吋)
的翅膀用公扣縫在翅膀前片上(見圖**C**)。

② 將前片放在後片上,對齊邊緣,用布邊
縫縫合翅膀所有邊緣(見圖**C**)。翅膀
加厚較不易軟塌下垂。

圖**C**

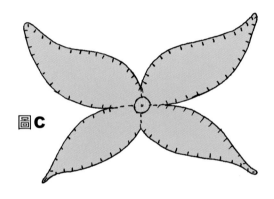

③ 在廢紙片上擠一點透明速乾工藝膠。用鑷
子小心地夾起一顆施華洛世奇水晶,平的
那面朝下。輕輕讓水晶的背面沾取工藝
膠,然後放到翅膀尖端的標記點上。用同
樣步驟處理其他水晶,等到所有的水晶都
黏好,再放置到全乾(見圖**D**)。

圖**D**

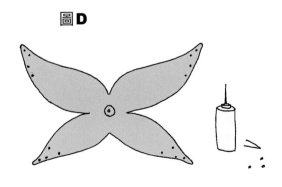

▲ 加了施華洛世奇水鑽的翅膀,更添
Bling Bling的美感。

花飾便鞋

① 使用水消筆,按照鞋面和鞋底紙型上標
記的點、X和直線,畫在剪好的不織布
上。另外也在兩朵小的A花朵畫上標記。

② 單股繡線(棉線)穿針,繡好每片花瓣
的中央分隔線,然後在花心縫上三顆珠
珠(見圖**E**)。

圖**E**

③ 沿著便鞋鞋面的內緣縫上布邊縫(見
圖**F**)。

圖**F**

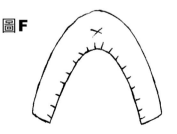

④ 將小花置於鞋面標記X的位置，用細密的針腳在花心部位縫合（見圖**G**）。

圖G

⑤ 將鞋面對折，用鎖邊縫縫合鞋跟兩端（見圖**H**）。

⑥ 將剪好的不織布鞋底放在縫好的便鞋面下面，對齊腳趾和腳跟的標記，用布邊縫縫和鞋底和鞋面（見圖**I**）。

圖H 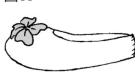　　**圖I**

⑦ 重複步驟1-6，完成另一隻便鞋。

🌿 花飾頭帶 🌿

❶ 使用水消筆，按照頭帶紙型上兩端的標記點，畫在剪好的不織布背面。頭帶中間的標記點則畫在不織布正面。標示為A的點對應的是小的A花朵，標示為B的點對應的是大的B花朵。

❷ 單股繡線穿針，繡好每片花瓣的中央分隔線。在花心縫上三顆珠珠，每朵花背面要留下一段線，之後用來把花縫在頭帶上（見圖**J**）。

圖J

❸ 用布邊縫沿著頭帶邊緣縫上一整圈。

❹ 緞帶剪成對半，每條長15公分（6英吋）。兩條緞帶的兩端分別使用一小滴布邊快乾膠，放置到全乾。

❺ 將一條緞帶的一端置於頭帶背面的標記點上，用直針縫合，針腳要細密。另一條緞帶也用一樣的方法縫在另一端。這兩條緞帶會綁在娃娃的後腦勺，以固定花飾頭帶（見圖**K**）。

圖K

❻ 將花朵置於頭帶正面對應的標記點，用每朵花背面留下的線，將花心對準標記點的位置縫合（見圖**L**），然後將頭帶綁在娃娃頭上。

▲ 大大小小的花朵，襯托出清新的氣質。

花仙子紙型

同時使用基礎娃娃的紙型（見P17〈一做就上手的基礎娃娃〉）。
所有紙型都是實物尺寸，不需要放大或縮小。

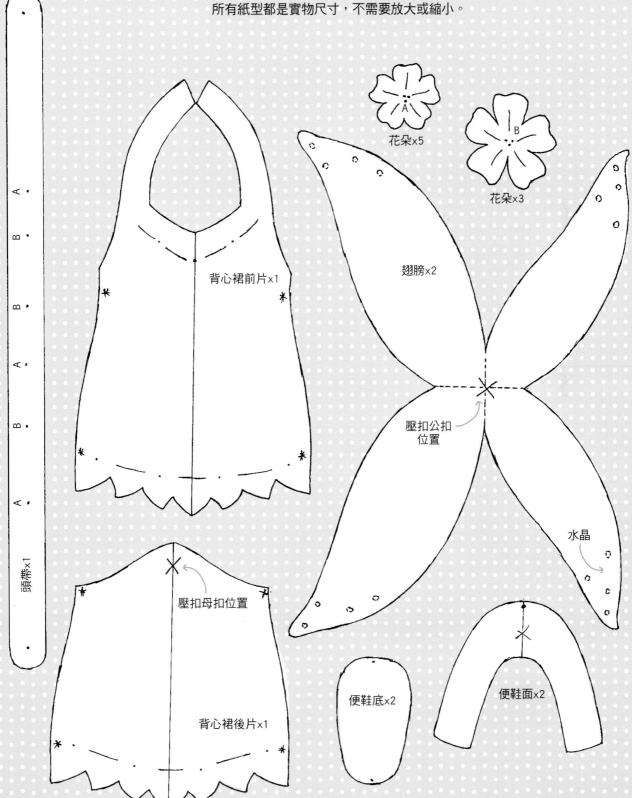

頭帶x1

背心裙前片x1

花朵x5

花朵x3

翅膀x2

壓扣公扣
位置

水晶

壓扣母扣位置

背心裙後片x1

便鞋底x2

便鞋面x2

海灘寶貝衝浪去！

今天是去海邊的大好日！膚色健康的甜美海灘寶貝要來衝浪囉！穿著可愛的粉紅圓點比基尼，搭配著涼鞋和大大的遮陽海灘帽，還有裝著毛巾、書本和防曬乳的隨身海灘包！

工具和材料

- 基礎娃娃的工具和材料（見P17〈一做就上手的基礎娃娃〉）
- 小胸針或安全別針・兩組壓扣，直徑5毫米（3/16英吋）
- 5x15公分（2x6英吋）卡紙，涼鞋內鞋底用

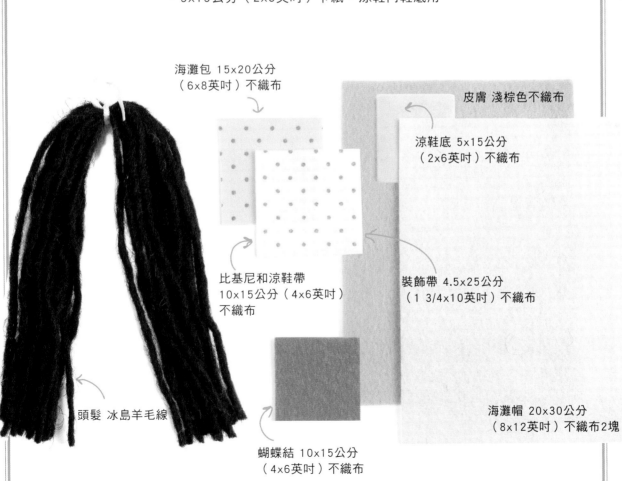

海灘包 15x20公分（6x8英吋）不織布

皮膚 淺棕色不織布

涼鞋底 5x15公分（2x6英吋）不織布

比基尼和涼鞋帶 10x15公分（4x6英吋）不織布

裝飾帶 4.5x25公分（1 3/4x10英吋）不織布

頭髮 冰島羊毛線

蝴蝶結 10x15公分（4x6英吋）不織布

海灘帽 20x30公分（8x12英吋）不織布2塊

🌿 紙型剪裁與組合 🌿

1 參照基礎娃娃的做法步驟，進行到頭髮的步驟9為止（見P17〈一做就上手的基礎娃娃〉）。

🌿 比基尼上衣 🌿

1 在剪好的不織布上，以水消筆畫上比基尼上衣和蝴蝶結紙型上的X標記。

2 單股繡線（棉線）穿針，沿著比基尼上衣的邊緣加上布邊縫（見P118〈手縫針法介紹〉）（見圖**A**）。這樣可以強化邊緣，避免在幫娃娃換衣服時翻起。

圖**A**

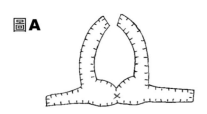

3 按照水消筆在較小的蝴蝶結A上所畫的標記，繡好中央的X。

4 將較小的蝴蝶結置於較大的蝴蝶結B上，上下中心點對齊。小心地將這兩片蝴蝶結置於比基尼上衣的中央，用繡線以細密的直針縫合固定（見圖**B**）。

圖**B**

5 幫娃娃穿上比基尼上衣，標好壓扣的位置，將壓扣縫好。

🌿 比基尼下身 🌿

1 使用水消筆，按照比基尼下身的兩個X標記，畫在剪好的不織布上。

2 從褲底對折比基尼下身，反面朝內，用鎖邊縫縫合兩側。

3 在腰圍和褲腳加上布邊縫（見圖**C**），可以強化這些開口的地方，避免在幫娃娃換衣服時翻起。

4 將兩個蝴蝶結C的中心置於正面兩邊的X標記並縫合（見圖**D**）。

圖**C**　　　　　　圖**D**

▲ 加上蝴蝶結的比基尼，非常可愛俏皮！

48

① 使用水消筆，按照海灘包紙型上的X標記，畫在剪好的不織布上。

② 用布邊縫將包底的長邊與海灘包正面的底邊縫合，然後用同樣方式縫合包底長邊與海灘包背面底邊（見圖**E**）。

③ 接著用布邊縫將一塊包側的短邊與包底的短邊縫合，另一邊也用同樣方式縫合包底短邊與另一塊包側短邊（見圖**E**）。

圖**E**

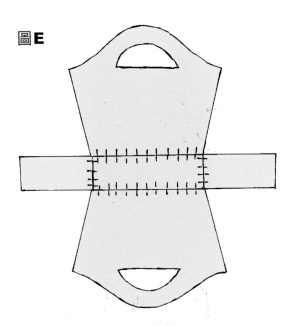

④ 用布邊縫將包側的兩個長邊和海灘包正面與背面的側邊縫合。沿著海灘包上緣加上布邊縫，把手內緣也要縫邊。

⑤ 用水消筆在較小的蝴蝶結D上所畫的標記，繡好中央的X。

▲ 大大小小的花朵，襯托出清新的氣質。

⑥ 將較小的蝴蝶結置於較大的蝴蝶結E上，上下中心點對齊。小心地將這兩片蝴蝶結置於海灘包把手底部的X標記上，將蝴蝶結的中心縫在包包上固定（見圖**F**）。

圖**F**

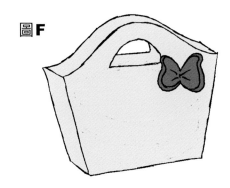

海灘包

① 使用水消筆，按照較小的海灘帽蝴蝶結紙型F上的X標記，畫在剪好的不織布上。

② 用鎖邊縫縫合帽身的兩個短邊，將帽頂置於其上用珠針固定，然後用布邊縫沿著邊緣縫合帽頂與帽身（見圖**G**）。

49

❸ 將帽身底部開口置於帽緣內緣開口，用布邊縫將兩者縫合。

圖G

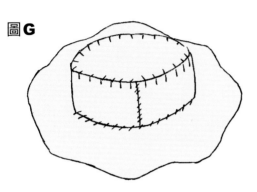

❹ 用珠針將裝飾帶固定在帽身，對齊帽身短邊的縫線。裝飾帶底部的長邊必須與帽緣和帽身用鎖邊縫縫合的縫線完全貼合。用鎖邊縫縫合裝飾帶的兩個短邊，再沿著裝飾帶的兩個長邊往內一點的上下平行線，用細密的針腳縫在帽身上固定（見圖H）。

圖H

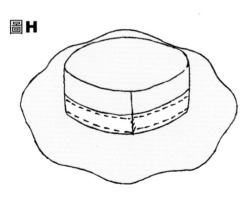

❺ 按照剛才在較小的蝴蝶結F上所畫的標記，用直針繡好中央的X。

❻ 將較小的蝴蝶結置於較大的蝴蝶結G上，上下中心點對齊，然後用繡線縫好固定。

▲ 用別針固定帽緣的一角，清新感十足！

❼ 用金屬別針別在蝴蝶結背後。幫娃娃戴上海灘帽，帽緣往上翻起一角靠在帽身上，將蝴蝶結放在翻起的帽緣上，用別針固定（見圖I）。

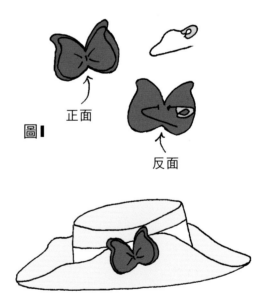

正面

圖I

反面

▲ 省略蝴蝶結，以亮片裝飾鞋面也
　可以哦！

⑦ 重複涼鞋步驟2-6，製作另一隻涼鞋
　（見圖**L**）。

圖L

涼鞋

① 參照約會女郎鞋子的步驟1-5（見P35〈
　高雅大方的約會女郎〉）。

② 沿著兩隻涼鞋底邊緣加上布邊縫（見
　圖**J**）。

圖J

③ 接著製作第一隻涼鞋，要將涼鞋帶紙
　型上的標記點A、B、C、D和X清楚
　地畫在涼鞋面的不織布上。然後沿著
　涼鞋帶上下兩邊加上布邊縫，但短邊
　不要縫（見圖**K**）。

圖K

④ 按照水消筆畫好的標記，繡好蝴蝶結H中
　央的X。

⑤ 蝴蝶結置於鞋帶上，將蝴蝶結中央縫在鞋
　帶中央的標記X上。

⑥ 涼鞋帶的兩個短邊對齊鞋底上的標記
　點。先對齊左邊的A和B，用布邊縫將
　涼鞋帶縫在鞋底上。用同樣的方式縫
　好右邊的C和D。

小訣竅

使你也可以省略在涼鞋帶縫上
不織布蝴蝶結的步驟，這樣造
型比較簡單。或者可以用亮片
和珠珠來裝飾涼鞋帶。

海灘寶貝紙型

同時使用基礎娃娃的紙型（見P17〈一做就上手的基礎娃娃〉）。

所有紙型都是實物尺寸，不需要放大或縮小。

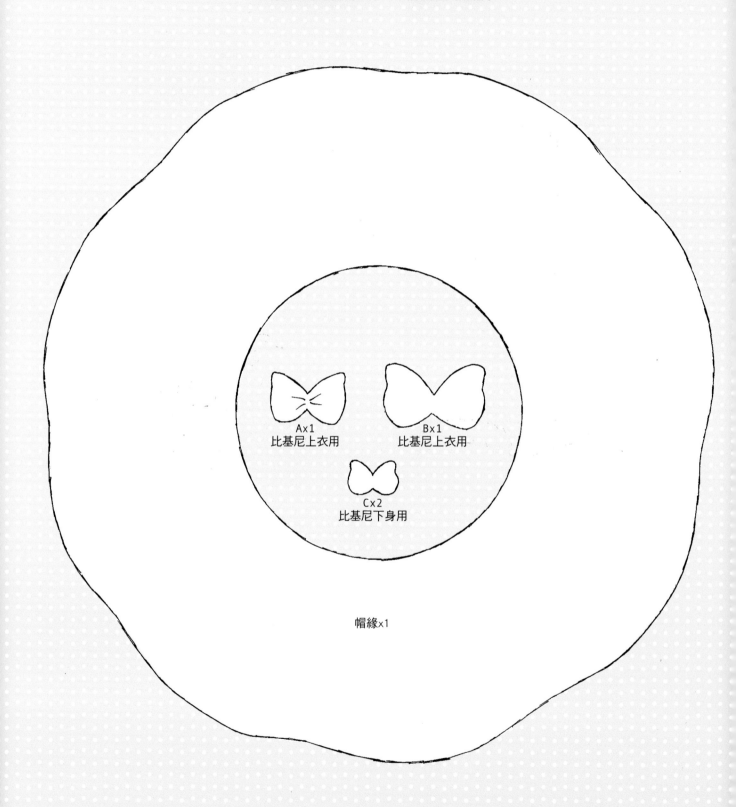

Ax1
比基尼上衣用

Bx1
比基尼上衣用

Cx2
比基尼下身用

帽緣x1

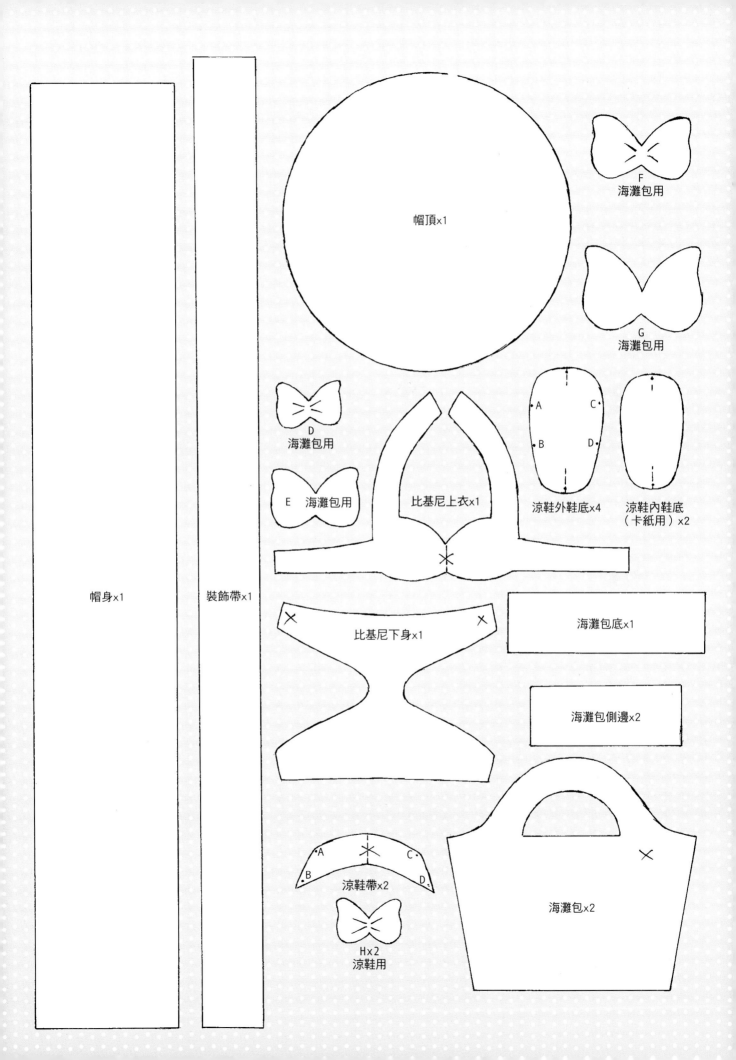

帽身x1

裝飾帶x1

帽頂x1

F
海灘包用

G
海灘包用

D
海灘包用

E 海灘包用

比基尼上衣x1

A C

B D

涼鞋外鞋底x4

涼鞋內鞋底
（卡紙用）x2

比基尼下身x1

海灘包底x1

海灘包側邊x2

A C

B D

涼鞋帶x2

Hx2
涼鞋用

海灘包x2

翩然起舞的芭蕾女伶

　　含苞待放的小小芭蕾女伶，穿著漂亮的粉色舞衣，領口綴著耀眼的亮片和珠珠。由一條素色緞帶在腰間串起數十條薄紗製成的蓬裙飽滿飄逸，芭蕾舞鞋上細緻的綁帶交叉纏繞在腿上，在膝蓋後方打上美麗的蝴蝶結。最後，在髮上夾上一朵小小的花飾夾，讓整個髮型更顯可愛。

工具和材料

・基礎娃娃的工具和材料（見P17〈一做就上手的基礎娃娃〉）・小背鉤組
・金屬小髮夾，2公分（3/4英吋）長・4或5支鋸齒小髮夾

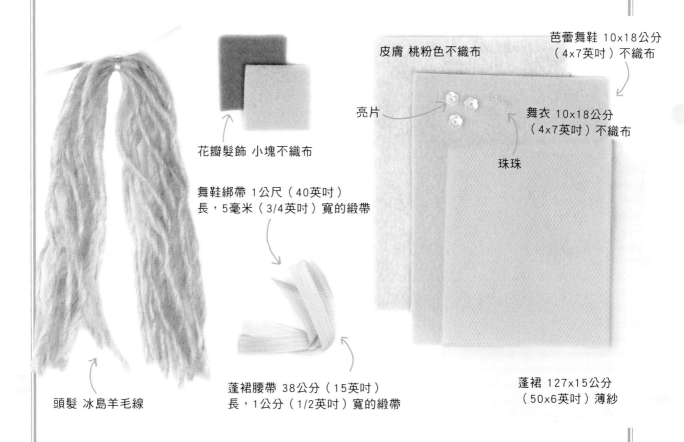

花瓣髮飾 小塊不織布

舞鞋綁帶 1公尺（40英吋）長，5毫米（3/4英吋）寬的緞帶

皮膚 桃粉色不織布

芭蕾舞鞋 10x18公分（4x7英吋）不織布

亮片

舞衣 10x18公分（4x7英吋）不織布

珠珠

頭髮 冰島羊毛線

蓬裙腰帶 38公分（15英吋）長，1公分（1/2英吋）寬的緞帶

蓬裙 127x15公分（50x6英吋）薄紗

🌿 紙型剪裁與組合 🌿

1. 參照基礎娃娃的做法步驟,到頭髮的步驟10為止(見P17〈一做就上手的基礎娃娃〉)。

🌿 頭髮 🌿

1. 小包頭的梳法,首先將所有的頭髮在頸部底下的位置抓成一束,梳理整齊,從上到下輕輕扭轉成一條。

2. 將扭轉成一條的頭髮在後腦勺盤成包頭的形狀,將雜毛塞進包頭裡。用鋸齒小髮夾插進包頭底下固定。

3. 長針穿成雙股繡線(棉線),顏色要和頭髮搭配。將包頭縫在頭髮上固定。然後小心地取下鋸齒小髮夾。

▲ 包頭的抓法需要用一點耐心,才能有立體的造型。

🌿 舞衣 🌿

1. 使用水消筆,按照舞衣紙型正面的標記點,畫在舞衣正面的不織布片上。將亮片和珠珠縫在領口的標記點上。

2. 舞衣正面和背面對齊,在肩膀處用珠針固定。用布邊縫(見P118〈手縫針法介紹〉)縫合肩膀部分(見圖A)。

3. 用鎖邊縫(見P118〈手縫針法介紹〉)縫合舞衣兩側,從腋窩下的標記點縫到褲腳(見圖A)。

4. 用布邊縫加強整個領口邊緣、腋窩和褲腳開口。這樣可以強化這些開口的地方,避免在幫娃娃換衣服時翻起。

圖A

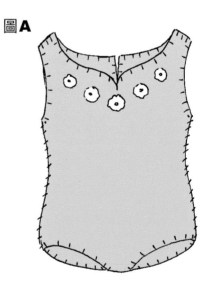

5. 最後將小背鉤與鉤眼縫在舞衣背後的頭部開口,幫娃娃穿上舞衣,以便之後加上蓬裙。舞衣會讓娃娃的手臂往上提一些,呈現出美麗的姿態。

蓬裙

1. 在穿好舞衣的娃娃腰間綁上1公分（1/2英吋）寬的緞帶，在背後打上蝴蝶結。用水消筆在打結處兩旁畫上標記點，劃分出接下來綁上薄紗的範圍。

2. 從其中一個標記點開始，如圖所示，將薄紗條套綁在緞帶上。重複此一步驟，將薄紗綁滿緞帶到另一頭的標記點（見圖**B**）。

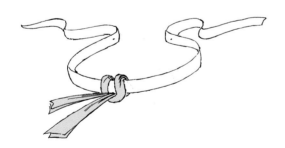

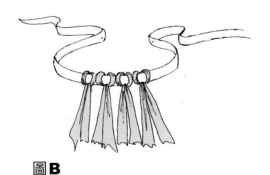

圖**B**

3. 幫娃娃穿上澎裙，如果想要更飽滿飄逸的話，可以再多加幾條薄紗。然後將薄紗的邊緣剪齊，讓裙襬看起來等長（見圖**C**）。

圖**C**

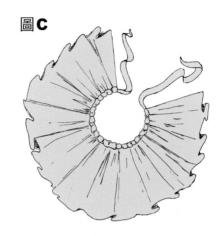

芭蕾舞鞋

1. 使用水消筆，按照舞鞋鞋面和鞋底的標記點，畫在剪好的不織布鞋面和鞋底上。

2. 首先將亮片和珠珠縫在鞋面上的標記點，然後沿著鞋面內緣加上布邊縫（見圖**D**）。

圖**D**

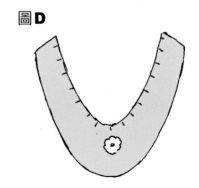

③ 將鞋面從中間對摺，用鎖邊縫縫合腳跟部分（見圖**E**）。

④ 將不織布鞋底放在縫好的鞋面下方，對齊腳趾和腳跟的標記點，然後用布邊縫將鞋面和鞋底縫合（見圖**F**）。

⑤ 兩隻舞鞋各需要兩條綁帶，所以先將5毫米（1/4英吋）寬的緞帶平均剪成4段，每段25公分（10英吋）長。將一條緞帶一端放進舞鞋，並將對齊腳跟縫線一側縫好。用同樣方式將另一條緞帶縫在腳跟縫線的另一側（見圖**G**）。

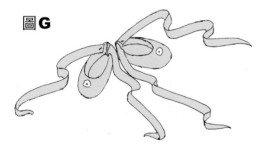

⑥ 幫娃娃穿上完成的舞鞋，將緞帶繞上娃娃的腿，在腿後打上一個漂亮的蝴蝶結。

⑦ 重複芭蕾舞鞋步驟1-6，製作另一隻舞鞋。

花瓣髮飾

① 將葉子的底端縫在花托上（見圖**H**）。

② 將一片花瓣放在花托上，與縫在花托上的葉子交疊。在花瓣中央縫一兩針固定位置，然後在花瓣中央縫上一顆珠珠。

③ 把線穿到花托背後。將另一片花瓣放在花托上，與已經縫在花托上的葉子與花瓣稍微錯開，然後在花瓣中央縫一兩針固定位置。第二片花瓣中央也要縫上一顆珠珠（見圖**I**）。

④ 在花托背後縫上髮夾固定，然後夾在娃娃頭髮上（見圖**J**）。

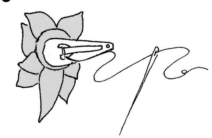

芭蕾女伶紙型

同時使用基礎娃娃的紙型（見P17〈一做就上手的基礎娃娃〉）。
所有紙型都是實物尺寸，不需要放大或縮小。

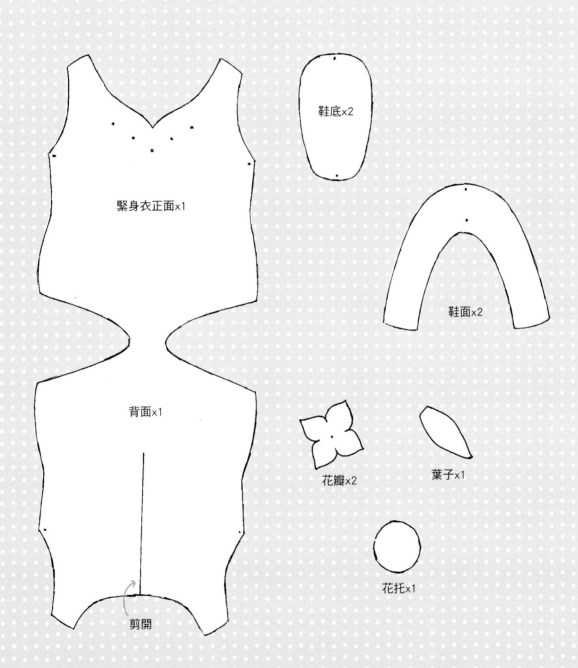

鞋底x2

緊身衣正面x1

鞋面x2

背面x1

花瓣x2

葉子x1

花托x1

剪開

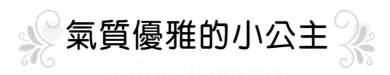

氣質優雅的小公主

扮成公主是每個小女孩的夢想，戴上耀眼的頭冠、穿著閃亮的珠光拖鞋，儼然就是一個美麗的小公主！穿著精緻繡花的珠珠上衣與長裙，轉個圈，行個優雅的禮，真是可愛極了。

工具和材料

- 基礎娃娃的工具和材料（見P17〈一做就上手的基礎娃娃〉）
- 金屬繡線和普通繡線（棉線）·珠珠·亮粉
- 上衣需要用的兩組壓扣，直徑5毫米（1/4英吋）
- 透明速乾工藝膠·裙子需要用的小背鉤組
- 鉛筆·捲筒廚房紙巾或捲筒衛生紙用完後的紙筒

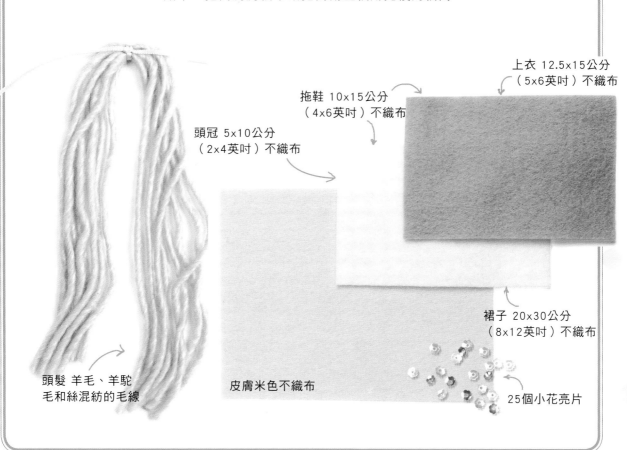

上衣 12.5x15公分（5x6英吋）不織布

拖鞋 10x15公分（4x6英吋）不織布

頭冠 5x10公分（2x4英吋）不織布

裙子 20x30公分（8x12英吋）不織布

頭髮 羊毛、羊駝毛和絲混紡的毛線

皮膚米色不織布

25個小花亮片

紙型剪裁

① 參照基礎娃娃的做法，到紙型剪裁的步驟4為止（見P17〈一做就上手的基礎娃娃〉）。臉部用小公主的紙型，不要用基礎娃娃的紙型。

頭部

① 使用水消筆，按照臉部紙型上的五官標記，畫在剪好的不織布上。

② 單股繡線穿針，用莖幹繡（見P118〈手縫針法介紹〉）繡出眼睛。然後用幾針非常細小緊密的直針，在眼睛底下繡上美人痣。

③ 用莖幹繡繡出嘴唇中線與上下唇輪廓線。再用緞面繡（見P118〈手縫針法介紹〉）分別填滿上唇與下唇。

④ 接著參照基礎娃娃的頭部步驟5和6，省略繡出睫毛的部分。

組合基礎娃娃

① 參照基礎娃娃的做法步驟，從組合頭部的步驟1開始，到頭髮的步驟10為止（見P17〈一做就上手的基礎娃娃〉）。

上衣

① 使用水消筆，按照上衣紙型所有的標記點線，畫在剪好的不織布上。

② 使用金屬繡線和莖幹繡（見P118〈手縫

③ 將上衣從肩部上下對折，反面朝內。用鎖邊縫（見P118〈手縫針法介紹〉）縫合兩側，從腋窩底下的標記點到上衣下緣（見圖A）。

④ 沿著上衣背後開口、領口、下緣和腋窩開口加上布邊縫（見P118〈手縫針法介紹〉）（見圖**A**）。可以強化這些開口的地方，避免在幫娃娃換衣服時翻起。

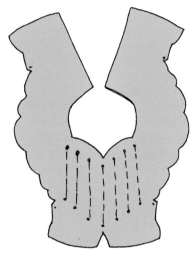

圖A

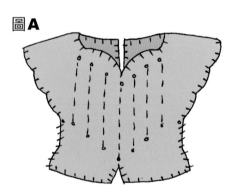

⑤ 幫娃娃穿上背後還沒加上扣子的上衣，確認兩個壓扣的位置後，脫下上衣把壓扣縫好。

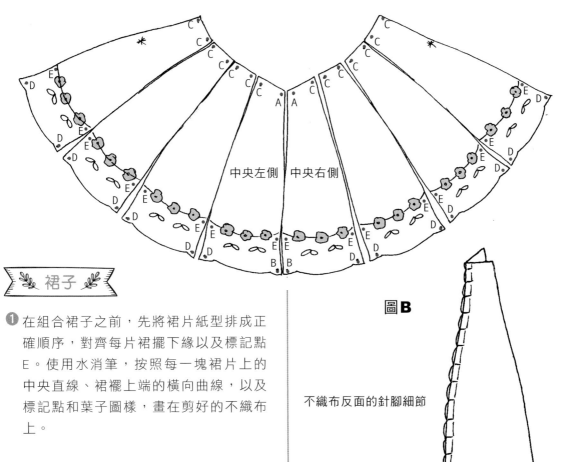

中央左側　中央右側

圖B

不織布反面的針腳細節

🌿 **裙子** 🌿

❶ 在組合裙子之前，先將裙片紙型排成正確順序，對齊每片裙擺下緣以及標記點E。使用水消筆，按照每一塊裙片上的中央直線、裙襬上端的橫向曲線，以及標記點和葉子圖樣，畫在剪好的不織布上。

❷ 使用金屬繡線和莖幹繡，繡好每塊裙片上的橫向曲線。然後在裙襬上端的每個標記點中央縫上一組亮片和珠珠。亮片下方的葉子圖樣則用雛菊繡（見P118〈手縫針法介紹〉）繡好（見圖**B**）。

❸ 將中央左側和中央右側的前片疊在一起，正面朝內。A點在腰部對齊，B點在裙襬對齊，並以珠針固定。從A點到B點用布邊縫縫合，然後在布邊縫底下用回針縫再從A點縫到B點。回針縫和布邊縫的針腳長度要一樣（見圖**B**），縫線的弧度才會漂亮。

❹ 將一塊側裙片疊在中央右側裙片上，正面朝內。C點在腰部對齊，D點在裙襬對齊，用珠針固定。從C點到D點用布邊縫縫合，然後在布邊縫底下用回針縫再從C點縫到D點，回針縫和布邊縫的針腳長度要一樣（見圖**B**）。

❺ 另一側也重複步驟4的做法，將一塊側裙片疊在中央左側裙片上，正面朝內。C點在腰部對齊，D點在裙襬對齊。同樣先用布邊縫縫合，然後在布邊縫底下用回針縫再縫一道。使用同樣方式縫合所有的側裙片，中央前裙片兩側都要。從中央線起算，兩側應分別有四塊裙片（見圖**B**）。

⑥ 最後將裙子背後接起來，把兩塊最外面的側裙片疊在一起，正面朝內，用珠針固定。從星號到標記點D，先用布邊縫再用回針縫將裙片縫合（見圖C）。

圖C

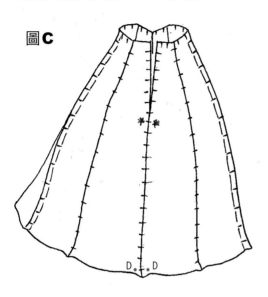

D · D

⑦ 將裙子翻回正面。整個腰圍和背後開口加上布邊縫，然後縫上小背鉤和鉤眼，增加腰圍強度。

▲ 美麗的裙擺，搭配珠光拖鞋，非常秀氣可愛！

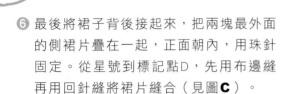
拖鞋

① 參照約會女郎鞋子的步驟1-6（見P35〈高雅大方的約會女郎〉）。

② 按照拖鞋鞋面紙型上的標記點A和B，畫在剪好的兩片不織布鞋面上。用金屬繡線，在鞋面上下兩邊，也就是A點到A點與B點到B點，用布邊縫縫上。在這個階段，鞋面的短邊，也就是A點到B點的兩個邊，先不要加上布邊縫（見圖D）。

③ 兩隻鞋面內緣前方的三個標記點各縫上一顆珠珠。

④ 將鞋面置於鞋底上，鞋面的標記點A和鞋底的標記點A對齊，並用珠針固定。從A點到B點兩側用布邊縫將拖鞋鞋面和鞋底縫合（見圖D）。

圖D

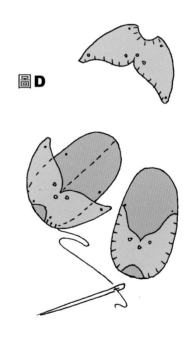

⑤ 用棉花棒在鞋面均勻塗上一層薄薄的工藝膠，小心不要沾到珠珠。將亮粉撒在鞋面上，等到全乾後，再將多餘的亮粉拍除。

裙子

① 頭冠的製作需要兩塊外層的不織布。內層部分則是在用完的廚房紙巾或衛生紙捲筒，用鉛筆沿著底部畫上頭冠形狀，然後用剪刀剪下。圓柱狀的捲筒能夠讓頭冠呈現出弧度。接下來使用水消筆，按照紙型上的標記，畫在剪好的不織布和卡紙上。

② 將珠珠縫在頭冠外層前片的標記點上（見圖**E**）。

③ 用棉花棒沾一點透明速乾工藝膠，沿著頭冠內層卡紙的邊緣塗上一圈。

④ 將頭冠外層前片的不織布片擺好，反面朝上。內層卡紙塗膠的一面朝下，黏在前片不織布的反面。從頭冠的中央往四方輕壓卡紙，但要讓卡紙位置保持在中央。頭冠內層卡紙會比頭冠外層不織布要稍微小一點，這樣不織布上下兩片待會兒才能縫合起來。

圖E

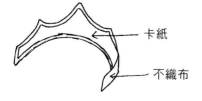

卡紙

不織布

⑤ 接下來在卡紙朝上的那面塗上一層薄薄的膠，再將不織布後片疊上去。記得前後片不織布的邊緣要對齊，然後放置等膠全乾。

⑥ 用金屬繡線以布邊縫縫合整個頭冠邊緣（見圖**F**）。

圖F

⑦ 最後用棉花棒在頭冠正面塗上一層薄薄的工藝膠，小心不要沾到珠珠。將亮粉撒在上面，等到全乾後，拍除多餘的亮粉。

▲ 撒上亮粉的頭冠，是種低調的美。

優雅小公主紙型

同時使用基礎娃娃的紙型（見P17〈一做就上手的基礎娃娃〉）。

所有紙型都是實物尺寸，不需要放大或縮小。

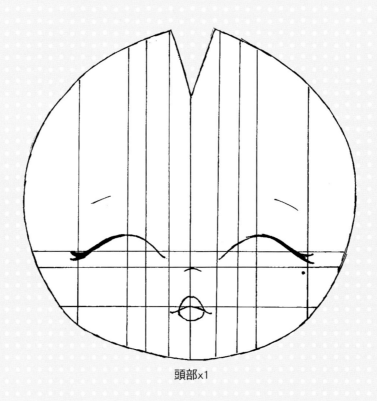

頭部x1

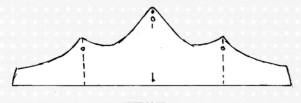

頭冠外層x2

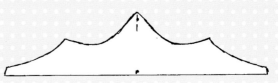

頭冠內層（卡紙用）x1

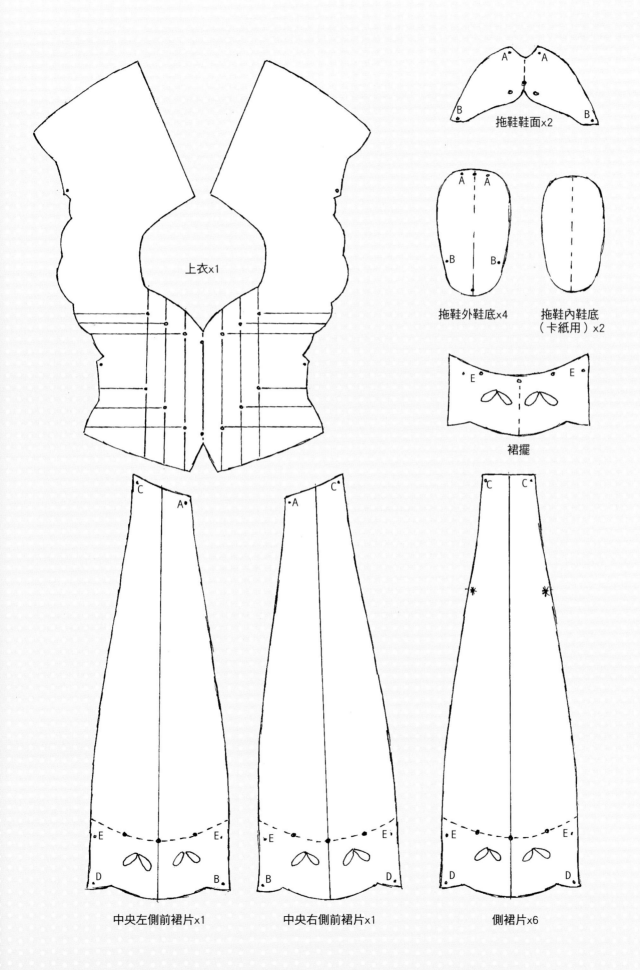

上衣x1

拖鞋鞋面x2

拖鞋外鞋底x4　　拖鞋內鞋底（卡紙用）x2

裙擺

中央左側前裙片x1　　中央右側前裙片x1　　側裙片x6

晚安娃娃輕唱搖籃曲

　　結束忙碌的一天，甜美的小女生已經準備進入夢鄉，爸爸已經幫她和小熊熊都蓋好了被子，現在只要躺在舒適的床上，就可以聽著爸爸輕唱著搖籃曲，慢慢進入夢鄉。穿著漂亮蕾絲邊的短袖睡衣褲，超可愛的兔兔拖鞋，晚安娃娃做起來簡單又有趣！

工具和材料

- 基礎娃娃的工具和材料（見P17〈一做就上手的基礎娃娃〉）
- 花瓣和睡衣裝飾用的不織布的碎布・蕾絲鬆緊花邊，50公分（20英吋）長
- 頭髮需要用到的包邊帶，50公分（20英吋）長，6毫米（1/4英吋）寬
- 珠珠・小背鉤組・一組安全眼珠，直徑4.5毫米（3/16英吋）
- 布邊快乾膠・拖鞋內鞋底需要用的5x15公分（2x6英吋）卡紙
- 兩種顏色的包邊帶或緞帶，10公分（4英吋）長

拖鞋鞋底 5x15公分（2x6英吋）不織布

睡衣褲 15x20公分（6x8英吋）不織布

皮膚粉膚色不織布

拖鞋鞋面 5x10公分（2x4英吋）不織布

熊熊頭部和身體 10x15公分（4x6英吋）不織布

熊熊手臂及耳朵 10x10公分（4x4英吋）不織布

頭髮 羊毛和羊駝毛混紡毛線

熊熊口鼻、愛心和花瓣 不織布碎布

兩顆鈕扣，直徑6毫米（1/4英吋）

🌿 紙型剪裁與組合 🌿

❶ 參照基礎娃娃的做法步驟，到頭髮的步驟10為止（見P17〈一做就上手的基礎娃娃〉）。

🌿 頭髮 🌿

❶ 娃娃髮型的整理，將頭髮梳成雙馬尾，用6毫米（1/4英吋）寬，25公分長（10英吋）的包邊帶綁好固定。

🌿 睡衣 🌿

❶ 使用水消筆，按照睡衣正面所有的標記點線，畫在剪好的不織布上。

❷ 正面的兩個標記X各縫上一顆扣子。將兩條花邊置於鈕扣兩側的標記線，用細

❸ 將兩片睡衣背面放到與正面對齊的位置，反面朝內相對，用布邊縫（見P118〈手縫針法介紹〉）將肩部縫合。然後在整個領口和兩片睡衣背面的內緣加上布邊縫，如圖所示（見圖**A**）。

❹ 測量兩側腋窩的長度，剪好需要的蕾絲長度，用珠針將蕾絲固定在不織布片腋窩處的反面，然後用細密的針腳縫合固定（見圖**A**）。這樣睡衣就有了漂亮的花邊蕾絲袖口。

圖A

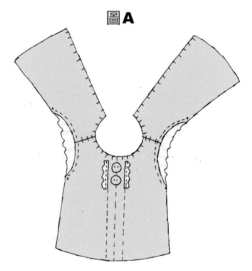

❺ 用鎖邊縫（見P118〈手縫針法介紹〉）將睡衣兩邊縫合，從腋窩下的標記點到睡衣下緣（見圖**B**）。

❻ 測量睡衣下緣的長度，剪好需要的蕾絲長度，用珠針將蕾絲固定在不織布片睡衣下緣的反面，然後用細密的針腳縫合固定（見圖**B**）。

▲ 簡單的蕾絲邊、小鈕扣等設計，讓整件睡衣做起來很有質感。

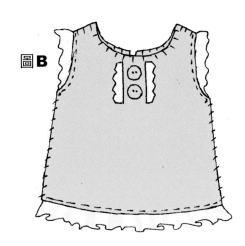

圖**B**

▲ 針腳務必縫得細緻，整套睡衣就很有質感。

✿ 睡褲 ✿

❶ 將剪好的睡褲不織布片正面和背面對齊疊好，反面朝內相對。用鎖邊縫將睡褲外緣兩側及內側褲襠縫合，然後在腰圍加上布邊縫。

❷ 測量兩個褲腳開口的長度，剪好需要的蕾絲長度，用珠針將蕾絲固定在不織布片褲腳開口的反面，然後用細密的針腳縫合固定（見圖**C**）。

▲ 小背扣的處理，讓睡衣穿脫更方便。

❼ 將小背鉤與鉤眼縫在睡衣背後。

圖**C**

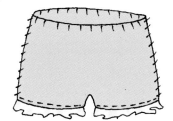

兔兔拖鞋

① 一隻兔兔拖鞋需要剪好的兩塊不織布鞋底和一塊卡紙鞋底，以及一塊不織布拖鞋鞋面和花瓣。首先，使用水消筆，按照紙型上的標記點線和X記號，畫在這些不織布片上。

② 拖鞋鞋底的製作，則是先在廢紙片上擠一點透明速乾工藝膠，然後用棉花棒在卡紙鞋底的一面塗上一層薄薄的膠。按照腳跟和腳趾部位的標記點對齊，將這塊稍小一點的卡紙鞋底貼在不織布鞋底上。

③ 在卡紙鞋底朝上的那面圖上薄薄一層膠，再將另一塊不織布鞋底疊上去，三塊的中央及標記點都要對齊（見圖**D**）。重複以上步驟製作另一隻鞋底，放置到膠水全乾。

④ 製作鞋底的最後一個步驟，沿著鞋底外緣用布邊縫縫合（見圖**E**）。

圖**D**　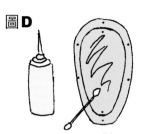　圖**E**　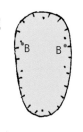

⑤ 要完成整隻拖鞋，先將不織布鞋面加上布邊縫，從兔兔耳朵底下的點A縫到點B（見圖**F**）。

⑥ 在鞋面上繡好兔兔的耳朵和鼻子，用粉紅色鉛筆在兔兔的兩頰和內耳部位加上一點顏色。

⑦ 將鞋面置於鞋底上，對齊鞋面的中央標記點和鞋底前方的中央標記點，用珠針固定。沿著中央點到點B，用布邊縫縫合鞋面和鞋底，然後再從中央點縫到另一側點B（見圖**F**）。

圖**F**
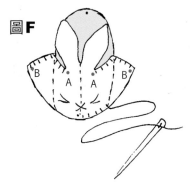

⑧ 將花瓣置於耳朵外側下方縫好固定，再在花心部位縫上一顆珠珠（見圖**G**）。

⑨ 重複步驟5-8完成另一隻拖鞋（見圖**G**）。

圖**G**

▲ 超可愛的兔兔拖鞋！

▲ 擁抱入眠的晚安熊。

晚安熊的頭部

❶ 使用水消筆，按照熊熊紙型的標記，畫在頭部、口鼻和身體的不織布片上。用尺畫好頭部和身體的標記線。

❷ 在口鼻上繡出小鼻子，然後將口鼻置於剪好的熊熊頭部不織布片上，用貼布縫（見P118〈手縫針法介紹〉）縫合（見圖**H**）。

❸ 非常小心地用刺繡剪刀的刀尖或是錐子，在較小的標記X中心點，也就是橫線和直線的交叉處，鑽一個小孔（見圖**H**）。

> POINT這樣做更好：在固定好眼珠後，用鐵絲剪將安全眼珠的塑膠柱修到比固定扣的位置多4毫米（1/8英吋）的長度。

❹ 插入安全眼珠，背後用固定扣固定，固定扣盡可能扣到最緊（見圖**H**）。

❺ 用直針（見P118〈手縫針法介紹〉）繡好另一邊掉了眼睛的標記X，再在安全眼珠的外角加上一根短短的睫毛，雙眼上方繡好眉毛（見圖**H**）。

❻ 使用粉紅色鉛筆，在熊熊的兩頰上點色。然後把花瓣縫在其中一道眉毛的上方，中央加一顆珠珠（見圖**H**）。

圖**H**

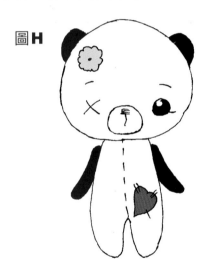

❼ 將頭部前片疊在頭部後片上，反面朝內相對，用珠針固定。從底部開始，用布邊縫沿著頭部外緣縫合，留下一個填充棉花的開口。

❽ 將熊熊的頭部棉花塞滿塞緊，用布邊縫縫合開口。在縫合的時候，需要的話可以再多塞一些棉花。臉部必須圓潤飽滿而緊實，但不要到棉花會爆出來的地步。留下一段線頭（棉線），待會兒用來縫合頭部和身體。

晚安熊熊的耳朵

1. 用布邊縫縫合熊熊兩隻耳朵的前後片，留下開口塞入一點點棉花。塞好之後用布邊縫縫合開口。

2. 用珠針將耳朵固定在頭上，用梯形縫（見P118〈手縫針法介紹〉）從耳朵的前面和後面縫合在頭部縫線上。

晚安熊熊的身體

1. 使用對比色的繡線，以細密的針腳繡好熊熊身體前後不織布片上畫的中央虛線（見圖**H**）。

2. 將愛心補丁置於身體前片上，用貼布縫縫合，再用黑色繡線補上幾針直針加強細節（見圖**H**）。

3. 在熊熊身體背面用黑色繡線加上幾針，當做是修補縫線裂開的地方（見圖**I**）。

4. 將身體前片疊在後片上，反面朝內相對，從頸部一側開始，用布邊縫縫合身體。縫合到身體另一側的一半時，停下來將填充棉花塞進腿部，然後再縫到頸部對側。

5. 將身體塞滿棉花後，用細密的縮口縫（見P118〈手縫針法介紹〉）收起頸部上端的開口。輕輕把線拉緊收口，一邊再多塞一些棉花讓頸部不會鬆垮。開口縫合後整個拉緊縫死，讓頸部變成一個牢固的圓形縮口。

晚安熊熊的手臂

1. 拿兩片剪好的熊熊手臂不織布，交疊在一起後，反面朝內相對。用布邊縫縫合邊緣，在手臂外側留下開口，塞滿棉花之後，再用布邊縫縫合。

組合熊熊

1. 參照P17〈一做就上手的基礎娃娃〉做法，組合頭部與身體的步驟1-5，以及組合手臂與腿部的步驟1-2。

晚安熊熊的花領子

1. 花領子的做法，是將兩條不同顏色的包邊帶疊在一起，然後對折成長度的一半，再在包邊帶上緣用細密的縮口縫縫合（見圖**I**）。做好的四層花邊末端分別塗上一小滴防鬚邊膠水，避免花領子鬚邊，放置到全乾。

2. 將花邊其中一端用珠針固定在背後頸部（見圖**I**）。整條花邊繞頸部一圈，用珠針固定，將花邊兩端重疊起來。

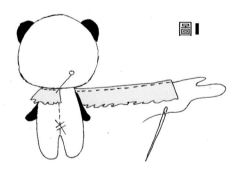

圖**I**

3. 用細密的針腳將花領子縫在頸部，縫針來回穿過花領子上緣包住的頸部正面與背面，將花領子固定。

晚安娃娃紙型

同時使用基礎娃娃的紙型（見P17〈一做就上手的基礎娃娃〉）。
所有紙型都是實物尺寸，不需要放大或縮小。

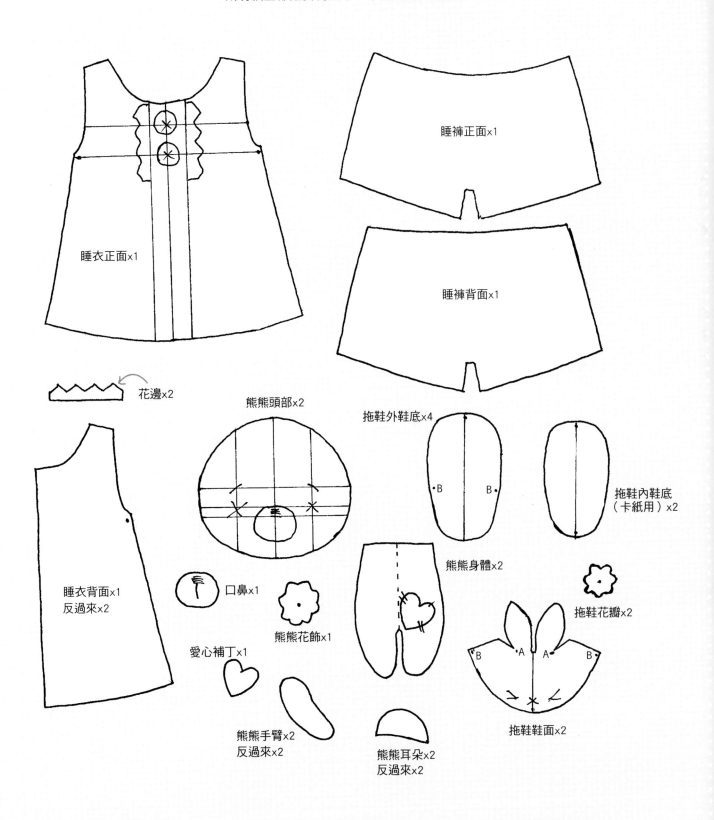

睡褲正面x1

睡衣正面x1

睡褲背面x1

花邊x2

熊熊頭部x2

拖鞋外鞋底x4

拖鞋內鞋底
（卡紙用）x2

熊熊身體x2

睡衣背面x1
反過來x2

口鼻x1

熊熊花飾x1

拖鞋花瓣x2

愛心補丁x1

熊熊手臂x2
反過來x2

熊熊耳朵x2
反過來x2

拖鞋鞋面x2

魅力十足的馬戲團團長

　　「來吧！歡迎來到馬戲團，觀賞世界上最偉大的秀！」魅力十足的馬戲團團長，有著靈活的八字鬍和紅潤的臉頰，已經準備好要在這場大型晚宴上，讓所有觀眾目眩神迷。他身穿鮮紅色的燕尾服，頭戴聳立的高帽子，手拿閃閃星光的指揮棒，宣布這場華麗大秀的序幕即將開始。

工具和材料

・基礎娃娃的工具和材料（見P17〈一做就上手的基礎娃娃〉）
・8顆珠珠，鞋子用・亮粉・5組壓扣，直徑5毫米（1/4英吋）
・白色水彩・扁牙籤・棉花棒或牙籤，從中間取2.5公分（1英吋）長。

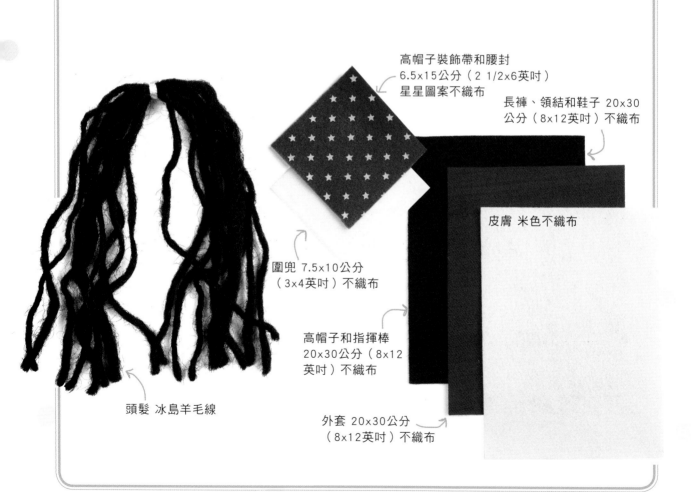

高帽子裝飾帶和腰封
6.5x15公分（2 1/2x6英吋）
星星圖案不織布

長褲、領結和鞋子 20x30
公分（8x12英吋）不織布

皮膚 米色不織布

圍兜 7.5x10公分
（3x4英吋）不織布

高帽子和指揮棒
20x30公分（8x12
英吋）不織布

頭髮 冰島羊毛線

外套 20x30公分
（8x12英吋）不織布

紙型剪裁與組合

① 參照基礎娃娃紙型剪裁的步驟1-4（見P17〈一做就上手的基礎娃娃〉）。頭部和身體用馬戲團團長的紙型，不要用基礎娃娃的紙型。

頭髮

① 使用水消筆，按照馬戲團團長頭部紙型上的臉部標記，畫在剪好的不織布上。

② 按照畫好的標記，將八字鬍置於鼻子底下，對齊標記線的中央。使用貼布縫（見〈針法介紹〉）縫合固定。以同樣方式將眉毛擺好，用貼布縫縫合固定。

③ 使用莖幹繡（見P118〈手縫針法介紹〉）繡出八字鬍底下的嘴巴。

④ 參照P17〈一做就上手的基礎娃娃〉頭部的步驟3-6，略過繡出睫毛和眉毛的部分。

組合基礎娃娃

① 參照P17〈一做就上手的基礎娃娃〉做法，從組合頭部的步驟1做起，一直到頭髮的步驟9。

頭髮

① 娃娃的頭髮造型，首先修剪髮尾，從背後中央往兩旁剪短，然後剪出瀏海。

外套

① 使用水消筆，按照外套紙型上的標記點線，畫在剪好的不織布上。

② 將領子用珠針固定在外套上，對齊標記點。從頸部背後的標記點開始，用布邊縫（見P118〈手縫針法介紹〉）沿著領子的一邊和外套的邊緣往下縫合，另一側也是同樣做法（見圖**A**）。

③ 從不織布的反面，用鎖邊縫（見P118〈手縫針法介紹〉）將剪角縫合（見圖**A**）。

④ 將口袋置於外套的正面，用珠針固定。用貼布縫縫合固定，留下口袋上端的開口（見圖**A**）。

圖A

⑤ 將外套對折，對齊兩側與袖子的邊緣，用鎖邊縫縫合（見圖**B**）。

⑥ 要讓外套口袋看起來有手帕露一點出來的樣子，可以把高帽子裝飾帶和腰封剩下的碎布片剪幾塊小三角形下來，塞進外套的口袋裡（見圖**B**）。

圖**B**

長褲

① 將長褲的不織布前片和後片，從反面用鎖邊縫將剪角縫合。然後將前後片疊在一起，反面朝內相對，先縫合兩邊外側，再縫合兩邊內側（見圖**C**）。

② 幫娃娃穿上長褲，剪開的部分在背後。腰部應該可以重疊起來。確認好壓扣的位置，把娃娃長褲脫下，縫上壓扣（見圖**C**）。

圖**C**

圍兜

① 使用水消筆，按照圍兜紙型上的標記X，畫在剪好的不織布上。

② 將領口往內折，用微溫的熨斗輕輕熨過。

③ 領結置於領口下方的標記X上，在領結中央縫合固定（見圖**D**）。

④ 幫娃娃穿上圍兜，長條繫帶兩端在頸部後方重疊，確認壓扣位置，然後縫好固定（見圖**D**）。

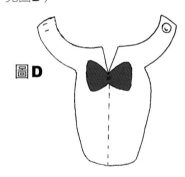

圖**D**

高帽子

① 將兩片帽緣疊在一起用珠針固定，再用布邊縫縫合外緣，讓帽緣變得比較硬挺（見圖**E**）。

② 用鎖邊縫將帽身的兩個短邊縫合。將帽頂置於帽身上方的中央，用布邊縫沿著邊緣縫合帽頂與帽身（見圖**E**）。

③ 將帽身的底部開口置於帽緣的內側開口，用鎖邊縫縫合（見圖**E**）。

④ 用珠針將裝飾帶固定在帽身，對齊帽身短邊的縫線。裝飾帶底部的長邊必須與帽緣

和帽身用鎖邊縫縫合的縫線完全貼合。用鎖邊縫縫合裝飾帶的兩個短邊，再沿著裝飾帶的兩個長邊往內一點的上下平行線，用細密的針腳縫在帽身上固定（見圖**E**）。

圖**E**

❺ 不織布裝飾帶上的每顆星星，都用扁牙籤塗上一小滴透明速乾工藝膠，然後撒上一點點亮粉。等到全乾後，拍除多餘的亮粉。

🌿 鞋子 🌿

❶ 使用水消筆，按照鞋面和鞋底紙型上的標記X和點線，畫在剪好的不織布上。

❷ 鞋子的製作，先在鞋面上的標記點上各縫一顆珠珠，然後用對比色的繡線（棉線）在四顆珠珠中間繡出X型（見圖**F**）。

❸ 將鞋面對折，用鎖邊縫縫合腳跟部分，然後沿著鞋面內緣加上布邊縫（見圖**F**）。

❹ 將鞋面置於剪好的不織布鞋底上，對齊腳跟和腳趾的標記點，然後用布邊縫縫合鞋面與鞋底（見圖**F**）。

❺ 幫娃娃穿上鞋子後，將鞋帶跨在鞋子上方，窄的一端置於鞋面側邊縫合固定。

寬的一端繡出一個鞋扣的形狀，將壓扣的公扣縫在鞋帶反面，母扣縫在鞋面側邊（見圖**F**）。

圖**F**

❻ 重複鞋子步驟1-5，製作另一隻鞋子。

🌿 腰封 🌿

❶ 將壓扣縫在腰封不織布片窄的兩端，然後幫娃娃穿上。

🌿 指揮棒 🌿

❶ 將剪好的指揮棒不織布片縱向對折，再用鎖邊縫縫合，從直的短邊開始一直到另一端圓邊之前為止。把剪斷的棉花棒或牙籤插進去，增加硬度，然後用鎖邊縫縫合開口（見圖**G**）。

❷ 指揮棒的圓端浸入白色水彩，沾滿4毫米（1/6英吋）的長度。在上了色的圓端撒上亮粉，拍除多餘的部分（見圖**G**），放置到全乾。

圖**G**

馬戲團團長紙型

同時使用基礎娃娃的紙型（見P17〈一做就上手的基礎娃娃〉）。

所有紙型都是實物尺寸，不需要放大或縮小。

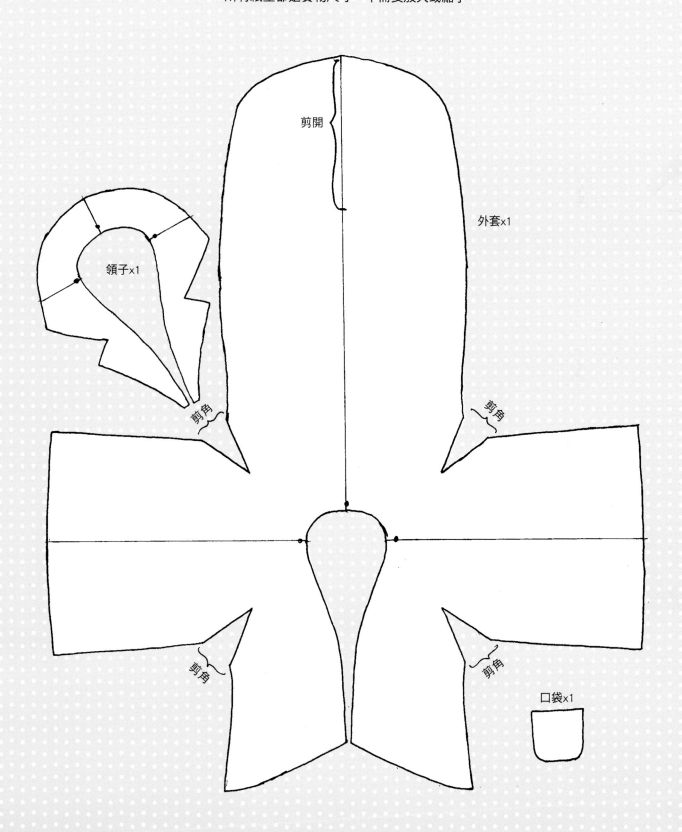

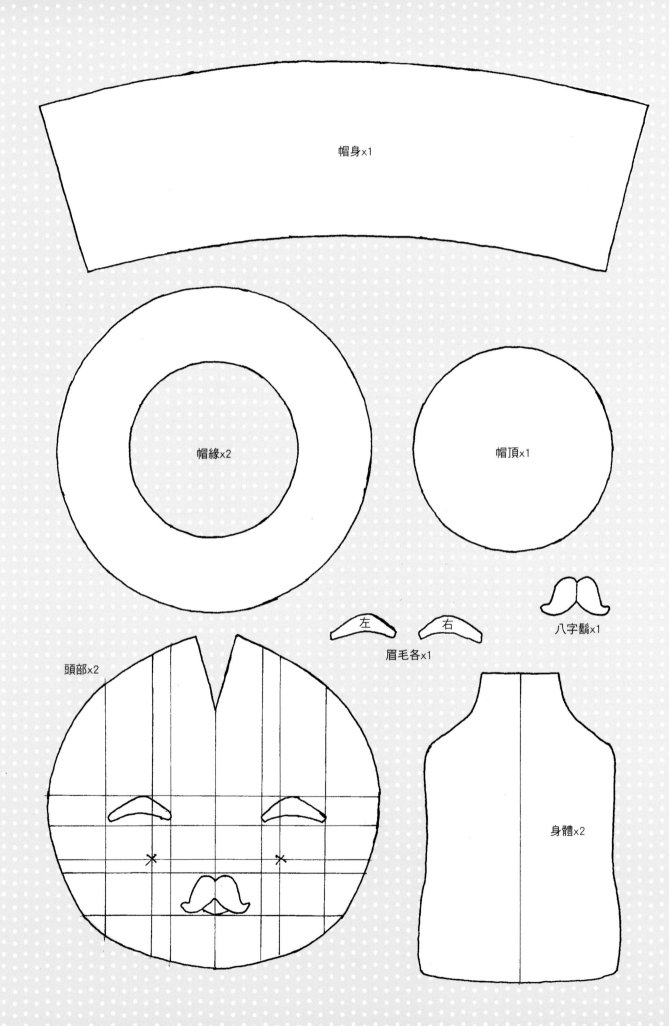

帽身x1

帽緣x2

帽頂x1

八字鬍x1

左 右

眉毛各x1

頭部x2

身體x2

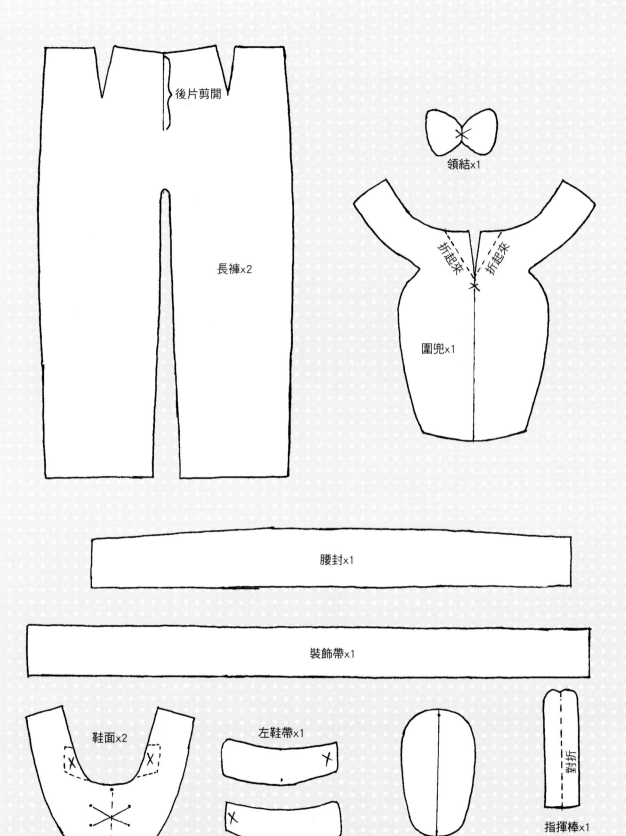

後片剪開

長褲x2

領結x1

折起來　折起來

圍兜x1

腰封x1

裝飾帶x1

鞋面x2

左鞋帶x1

右鞋帶x1

鞋底x2

指揮棒x1

對折

周遊列國的小小旅行家

　　打包好行李、穿上輕便的服裝，甜美的小女生準備踏上冒險的旅途！她要在暑假出國拜訪住在國外的阿嬤。身穿著蕾絲珠珠裙邊的漂亮繡花背心裙，搭配可愛的小外套，這趟旅程一路順風啊！小可愛！

工具和材料

- 基礎娃娃的工具和材料（見P17〈一做就上手的基礎娃娃〉）
- 蕾絲花邊，16.5公分（6 1/2英吋），背心裙用・珠珠
- 背心裙需要的小背鉤組・外套需要用的3顆鈕扣，直徑6毫米（1/4英吋）
- 鞋子需要用的2顆鈕扣，直徑6毫米（1/4英吋）
- 鞋子需要用的2組壓扣，直徑5毫米（3/16英吋）
- 內鞋底需要用的10x15公分直徑（4x6英吋）卡紙

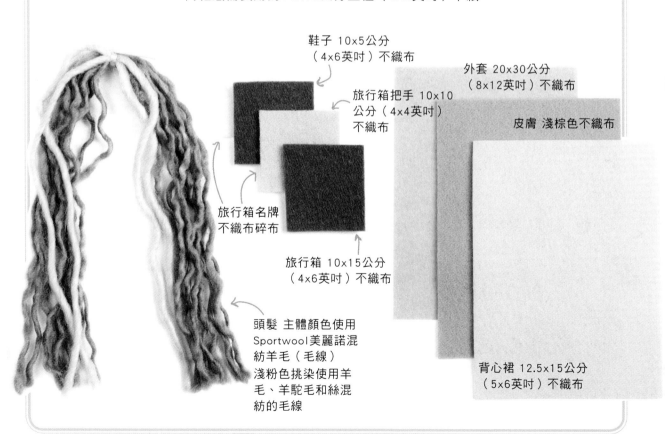

鞋子 10x5公分
（4x6英吋）不織布

外套 20x30公分
（8x12英吋）不織布

旅行箱把手 10x10
公分（4x4英吋）
不織布

皮膚 淺棕色不織布

旅行箱名牌
不織布碎布

旅行箱 10x15公分
（4x6英吋）不織布

頭髮 主體顏色使用
Sportwool美麗諾混
紡羊毛（毛線）
淺粉色挑染使用羊
毛、羊駝毛和絲混
紡的毛線

背心裙 12.5x15公分
（5x6英吋）不織布

紙型剪裁與組合

① 參照基礎娃娃的做法步驟，到頭髮的步驟3為止（見P17〈一做就上手的基礎娃娃〉）。

頭髮

① 為了讓正面髮際呈現挑染的感覺，縫上頭髮之前，先在髮束加上幾股淺粉色毛線，然後繼續進行頭髮的步驟4-10（見P17〈一做就上手的基礎娃娃〉）。

② 髮型的整理，將頭髮全部梳到背後用緞帶紮起。

外套

① 使用水消筆，按照外套紙型上所有的標記線，畫在剪好的不織布上。

② 將領子用珠針固定在外套領口，對齊標記線，然後用布邊縫（見P118〈手縫針法介紹〉）縫合固定（見圖**A**）。

③ 將口袋置於外套正面，並用珠針固定，在口袋外緣平行往內4毫米（1/8英吋）處，用細密的針腳縫合，並留下口袋上端開口（見圖**A**）。

④ 將外套對折，正面朝內相對，正面和袖子的邊緣對齊，然後用珠針固定。兩側用回針縫（見P118〈手縫針法介紹〉）縫合，一樣是和外緣平行往內4毫米（1/8英吋）。

⑤ 使用刺繡剪刀小心地在腋窩部分剪上幾刀，注意不要把針腳剪斷。然後將外套翻回正面，稍微熨燙一下。

⑥ 最後在外套正面縫上三顆小鈕扣（見圖**A**）。

圖**A**

背心裙

① 使用水消筆，按照背心裙紙型上所有刺繡圖案、標記點線和X，畫在剪好的不織布上。

② 分別使用三種深淺不同對比色的繡線（棉線），繡好三列的標記X（見圖**B**）。

③ 將背心裙前片疊在後片上，反面朝內相對，用布邊縫縫合肩膀部位（見圖**B**）。

④ 用鎖邊縫（見P118〈手縫針法介紹〉）縫合背心裙兩側，從腋窩底下的標記點開始，一直到背心裙的下緣（見圖**B**）。

⑤ 在領口和腋窩處全部加上細密的布邊縫（見圖**B**）。可以強化這些開口的地方，避免在幫娃娃換衣服時翻起。

⑥ 在領口背面的開口處縫上背鉤和鉤眼。按照裙襬的長度剪下一段蕾絲花邊，用珠針固定在裙襬下緣，然後用細密的直針見P118〈手縫針法介紹〉縫合固定。最後再在花邊上方加上一些珠珠做為裝飾（見圖**B**）。

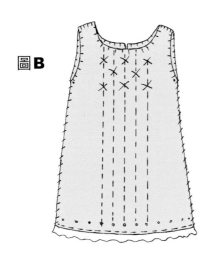

圖**B**

✿ 鞋子 ✿

❶ 參照可愛的森林系女孩鞋子的步驟1-5（見P99〈可愛的森林系女孩〉）。

✿ 旅行箱 ✿

❶ 使用水消筆，按照旅行箱B面上的把手位置標記，畫在剪好的兩片不織布上。然後按照旅行箱貼紙和名牌的圖案，畫在剪好的不織布上。

❷ 將旅行箱貼紙置於旅行箱A面的前片與後片上（見圖**C**），用對比色的繡線以布邊縫將邊緣縫合在A面上。貼紙上的圖案用細密的針腳繡好。

❸ 攤開旅行箱體所有的不織布片和卡紙片，反面朝上擺好。用棉花棒在每一塊卡紙邊緣塗上一層薄薄的膠，然後疊在相對應的不織布片中央，A對A、B對B、C對C。接著放置到全乾，卡紙可以讓旅行箱在塞滿棉花後不會變形。

❹ 將所有卡紙面朝內，不織布面朝外，準備開始縫合旅行箱。用布邊縫將B的長邊與A的長邊縫合，再用同樣方式將另一塊B的長邊與A的另一個長邊縫合。然後用

布邊縫將C的長邊與A的短邊縫合，再用同樣是將另一塊C的長邊與A的另一個短邊縫合。用布邊縫將每個角B和C的短邊縫合（見圖**C**）。

❺ 再將另一片A置於旅行箱上，卡紙面朝內。用布邊縫縫合邊緣，留下一個小開口。從這個開口塞入棉花填滿，然後用布邊縫縫和開口（見圖**C**）。

圖**C**

❻ 製作旅行箱把手，將兩塊剪好的不織布把手疊在一起，用布邊縫沿著外緣與內緣縫合，外緣部分的布邊縫留下一段線頭，待會兒用來將把手縫到旅行箱上。以同樣的方法製作另一個把手。

❼ 用珠針將兩個把手固定在旅行箱上側的標記線間。用步驟6留下的線頭以梯形縫（見P118〈手縫針法介紹〉）將把手的下緣縫合在旅行箱上。

❽ 在不織布名牌的前片，用對比色的線繡出一個長方形的框，然後用黑色的線在框裡繡出幾條短直線。將前片和後片疊在一起，用對比色的線，以布邊縫縫合邊緣。

❾ 最後，用銀色繡線穿針，穿過名牌上的標記點，用這條線將名牌綁在其中一個把手上（見圖**D**）。

圖**D**

小小旅行家紙型

同時使用基礎娃娃的紙型（見P17〈一做就上手的基礎娃娃〉）。

所有紙型都是實物尺寸，不需要放大或縮小。

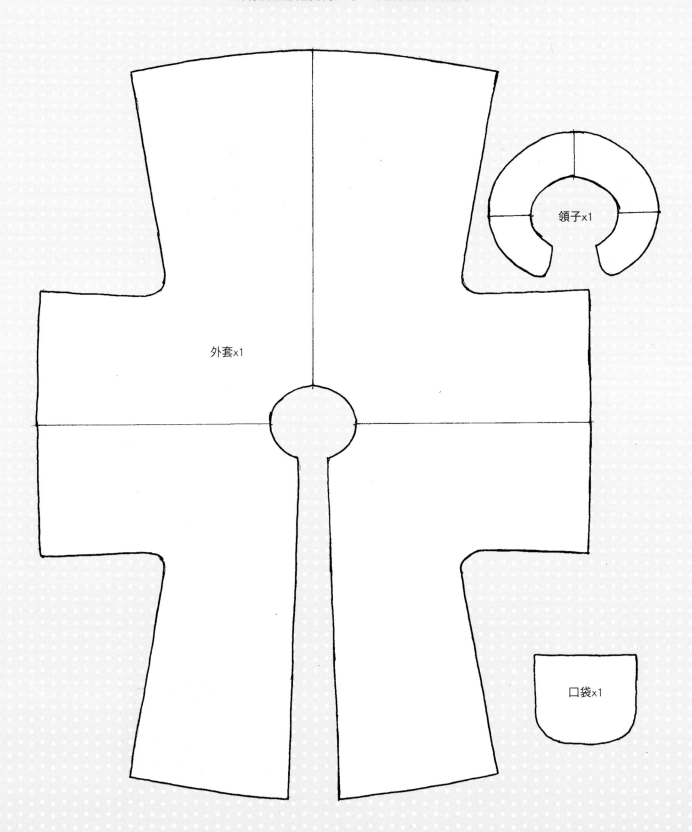

領子x1

外套x1

口袋x1

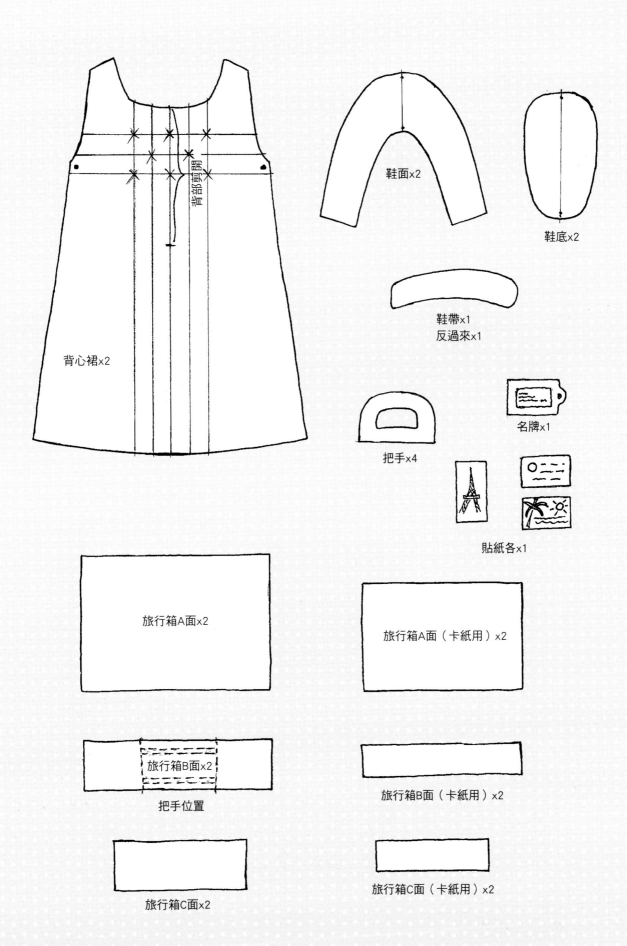

鞋面x2

鞋底x2

背部剪開

鞋帶x1
反過來x1

背心裙x2

把手x4

名牌x1

貼紙各x1

旅行箱A面x2

旅行箱A面（卡紙用）x2

旅行箱B面x2

把手位置

旅行箱B面（卡紙用）x2

旅行箱C面x2

旅行箱C面（卡紙用）x2

朝氣蓬勃的女學生

跳房子、打彈珠、歷史、數學，組合成為學校裡忙碌的一天！甜美的娃娃要準備上今天的第一堂課了。她穿著漂亮的格子裙和獵裝外套，打了領帶，還有白色及踝襪和娃娃鞋。可愛的書包裡裝著習字用的練習簿，全套齊備，完美無缺。

工具和材料

· 基礎娃娃的工具和材料（見P17〈一做就上手的基礎娃娃〉）
· 襪子需要用的7.5x15公分（3x6英吋）平面針織布
· 襪子需要用的蕾絲花邊，10公分（4英吋）
· 綁髮緞帶需要用的黑色包邊帶，50公分（20英吋）長，1公分（1/2英吋）寬・書包需要用的2顆珠珠・5組壓扣，直徑5毫米（1/4英吋）
組小背鉤・鞋子需要用的2顆鈕扣，直徑5毫米（1/4英吋）

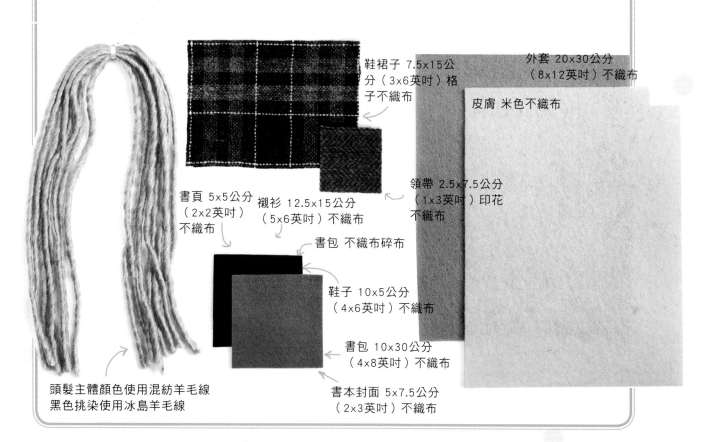

鞋裙子 7.5x15公分（3x6英吋）格子不織布

外套 20x30公分（8x12英吋）不織布

皮膚 米色不織布

領帶 2.5x7.5公分（1x3英吋）印花不織布

書頁 5x5公分（2x2英吋）不織布

襯衫 12.5x15公分（5x6英吋）不織布

書包 不織布碎布

鞋子 10x5公分（4x6英吋）不織布

書包 10x30公分（4x8英吋）不織布

書本封面 5x7.5公分（2x3英吋）不織布

頭髮主體顏色使用混紡羊毛線
黑色挑染使用冰島羊毛線

紙型剪裁

① 參照基礎娃娃的做法步驟，到頭髮的步驟3為止（見P17〈一做就上手的基礎娃娃〉）。頭部使用可愛女學生的紙型，不要用基礎娃娃的紙型。

頭部

① 使用水消筆，按照頭部的五官標記，畫在剪好的不織布上。

② 另外再剪下眼鏡框的紙型，按照臉部標記線的位置擺放好鏡框紙型，用水消筆描出鏡框，再在兩個鏡框中間鼻子的部位畫好鼻橋。

③ 使用單股繡線（棉線），以莖幹繡（見P118〈手縫針法介紹〉）繡出鏡框。

④ 參照頭部的步驟2-6（見P17〈一做就上手的基礎娃娃〉）。

組合基礎娃娃

① 參照基礎娃娃的做法步驟，從組合頭部的步驟1到頭髮的步驟3為止（見P17〈一做就上手的基礎娃娃〉）。

頭髮

① 縫上頭髮之前，先在髮束加上一股對比色的毛線（例如黑色），然後繼續進行頭髮的步驟4-10（見P17〈一做就上手的基礎娃娃〉）。

② 髮型的整理，梳成雙馬尾，兩邊各用一條黑色包邊帶綁起。

外套

① 使用水消筆，按照外套紙型上所有的標記點線，畫在剪好的不織布上。

② 用珠針將領子固定在外套上，對齊好標記點，然後用布邊縫（見P118〈手縫針法介紹〉）縫合（見圖**A**）。

③ 單股線穿針，用莖幹繡繡出口袋上的羽飾圖案。將口袋置於外套正面，並用珠針固定，然後用貼布縫（見P118〈手縫針法介紹〉）縫合，留下口袋上端開口（見圖**A**）。

④ 從不織布的反面，用鎖邊縫將剪角縫合（見圖**A**）。

圖**A**

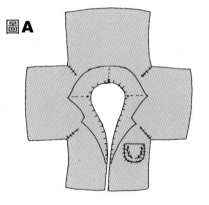

⑤ 將外套對折，對齊兩側與袖子的邊緣，用鎖邊縫縫合（見圖**B**）。

圖**B**

🌿 裙子 🌿

1. 如果想要凸顯裙子上的格子圖案，可以用金屬線或對比色的繡線，在格子布織布上的橫線和直線加上細密的平針縫（見P118〈手縫針法介紹〉）。

2. 從不織布的反面，用鎖邊縫將剪角縫合（見圖**C**）。

3. 用對比色的繡線在裙子的腰圍和兩側加上布邊縫（見圖**C**）。

4. 幫娃娃穿上裙子，包在腰部，讓裙子兩側重疊。確認兩組壓扣的位置後，縫好固定（見圖**C**）。

圖C

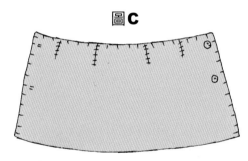

▲ 學生味十足的制服，穿脫都沒有問題喲！

🌿 襯衫和領帶 🌿

1. 使用水消筆，按照襯衫紙型上的所有標記，畫在剪好的不織布上。

2. 將兩邊的領子置於襯衫的領口，對齊領子和襯衫領口上的星號，然後用布邊縫縫合（見圖**D**）。

3. 將領帶對折，置於襯衫正面領子中央的開口，用細密的針腳縫合固定（見圖**D**）。

4. 將口袋置於襯衫正面並用珠針固定。用貼布縫縫合，留下口袋上端開口（見圖**D**）。

圖D

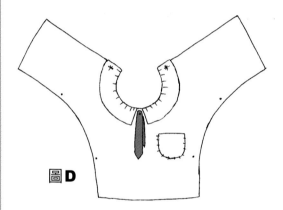

5. 將襯衫從肩部對折，前後對齊，反面朝內相對。然後用鎖邊縫將兩側縫合，從腋窩底下的標記點縫到襯衫下緣（見圖**E**）。

6. 在襯衫下緣及腋窩處加上布邊縫（見圖**E**）。這樣可以強化這些開口的地方，避免在幫娃娃換衣服時翻起。

7. 最後，在襯衫背後縫上兩對背鉤與鉤眼後，就大功告成。

圖**E**

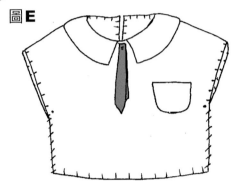

🌿 **襪子** 🌿

① 參照可愛的森林系女孩的襪子步驟1-5（見 P99〈可愛的森林系女孩〉）。

🌿 **鞋子** 🌿

① 參照可愛的森林系女孩的鞋子步驟1-5（見 P99〈可愛的森林系女孩〉）。

▲ 書包也是立體剪裁設計，可以 打開裝東西。

🌿 **書包** 🌿

① 使用水消筆，按照書包前後片紙型上的 標記，畫在剪好的不織布上，正反面都 要。

② 將珠珠縫在兩塊書包扣帶的標記點上。然 後將扣帶置於書包後片正面上端的標記， 用細密的針腳縫合固定（見圖**F**）。

圖**F**

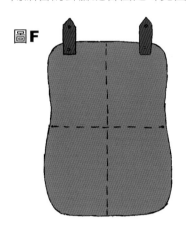

③ 將書包後片翻過來反面朝上，包底的一端 對齊書包後片左側中間的標記點。然後用 鎖邊縫縫合包底邊緣與書包下緣，一直縫 到書包的對側。要確定包底的中央線和書 包後片的中央線對齊（見圖**G**）。

圖**G**

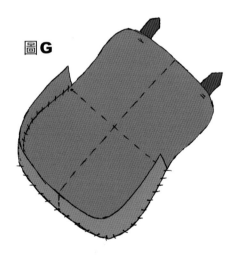

④ 將壓扣的母扣縫在書包錢片正面的標 記X上，然後將公扣縫在書包後片反 面的標記X上（見圖**H**）。

⑤ 將書包前片置於包底彎曲的邊緣，對齊兩者的中央線，用鎖邊縫縫合兩側與底部（見圖**H**）。

⑥ 將背帶一端約4毫米（1/8英吋）的部分放入包底內側，用細密的針腳縫合。在對面的包底外側縫上壓扣的母扣，再將公扣縫在背帶的另一端（見圖**H**）。這樣在幫娃娃背包包時比較容易操作。

圖H

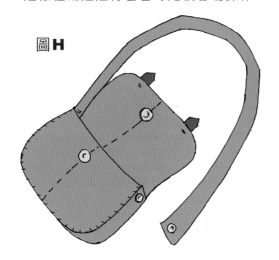

🌿 練習簿 🌿

① 使用水消筆，將字母A、B、C畫在不織布的書頁上，然後用單股線以回針縫（見P118〈手縫針法介紹〉）繡出這些字母。

② 將繡有字母的書頁至於另一塊不織布書頁上，用細密的針腳在書頁左側非常靠近書頁邊緣處縫合。

③ 使用水消筆，按照書本封面紙型上所有的標記點與星號，畫在剪好的不織布上，正反面都要。然後用尺在書本中央畫出連結標記點的直線。

④ 將書本封面反面朝上，書頁置於封面上方中央線的右邊。用對比色的繡線單股穿針，尾端打結，從書本封面內側最上面的星號穿出來到外側（見圖**I**）。

圖I

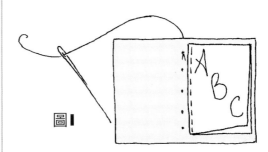

⑤ 封面對折，確認內頁和封面的外緣對齊後，使用步驟4的繡線以布邊縫縫合整條書背，針腳寬度按照星號的間隔（見圖**J**）。針腳要夠長，穿過書本內頁，這樣才能固定，不會脫落。這本簿子的大小剛好可以放進書包裡。

圖J

▲ 即使是簡單的練習簿也不馬虎。

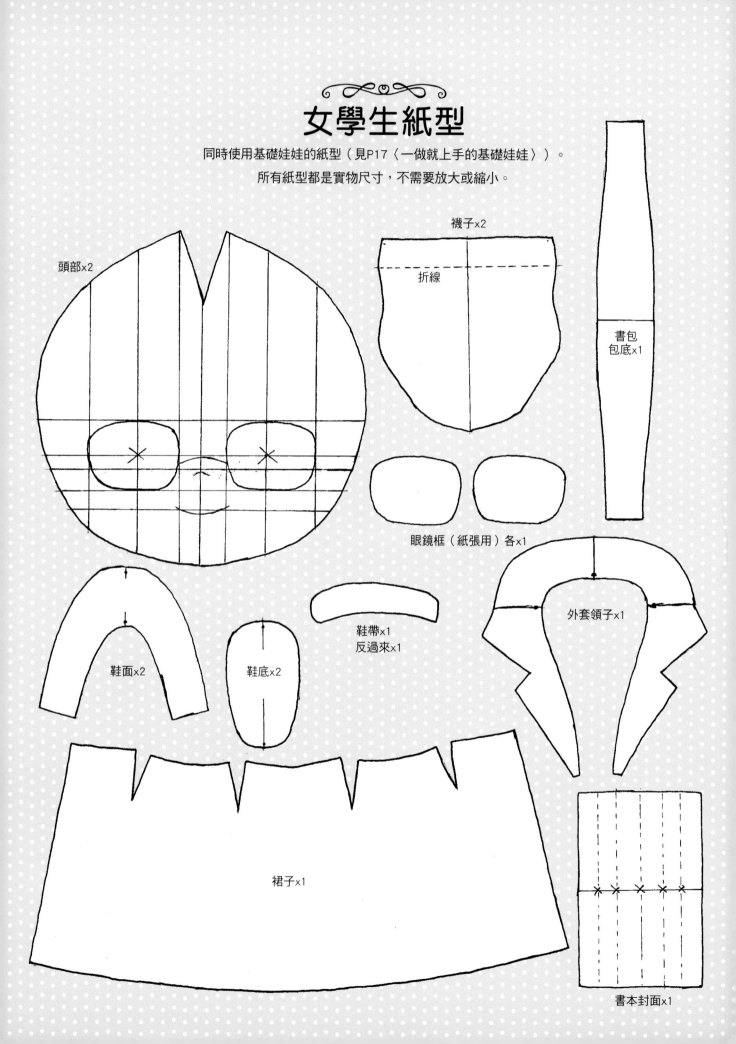

女學生紙型

同時使用基礎娃娃的紙型（見P17〈一做就上手的基礎娃娃〉）。

所有紙型都是實物尺寸，不需要放大或縮小。

頭部x2

襪子x2

折線

書包
包底x1

眼鏡框（紙張用）各x1

鞋帶x1
反過來x1

外套領子x1

鞋面x2

鞋底x2

裙子x1

書本封面x1

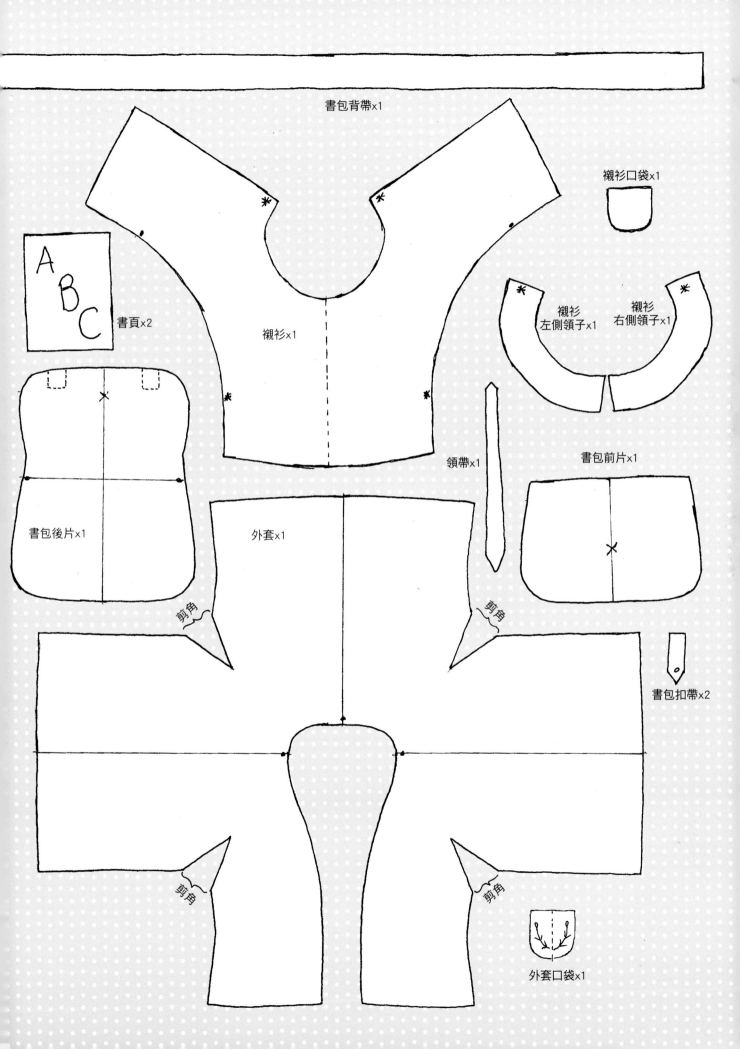

書包背帶x1

襯衫口袋x1

書頁x2

A
B
C

襯衫x1

襯衫
左側領子x1

襯衫
右側領子x1

書包後片x1

外套x1

領帶x1

書包前片x1

剪角

剪角

書包扣帶x2

剪角

剪角

外套口袋x1

可愛的森林系女孩

最愛在森林裡悠遊的林間小少女，經常提著小籃子在森林中穿梭，或是摘取花朵，或是撿拾各種寶藏，同時對神奇的大自然，心存感謝。

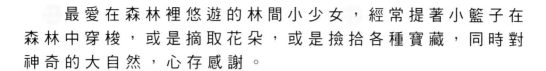

工具和材料

- 基礎娃娃的工具和材料（見P17〈一做就上手的基礎娃娃〉）
- 襪子需要用的7.5x15公分（3x6英吋）平面針織布
- 軟帽繫帶需要用的包邊帶，1公分（1/2英吋）寬
- 背心裙和襪子需要用的蕾絲花邊，28公分（11英吋）長
- 頭髮需要用的細緞帶，36公分（14英吋）長·斗篷需要用的小背鉤組
- 背心裙帶需要用的2顆扣子，直徑6毫米（1/4英吋）·錐子
- 背心裙和襯衫需要用的4組壓扣，直徑5毫米（3/16英吋）
- 布邊快乾膠·刺蝟眼睛需要用的2顆黑色珠珠
- 粉紅色鉛筆·彩色簽字筆或細麥克筆·填充棉花·竹籤

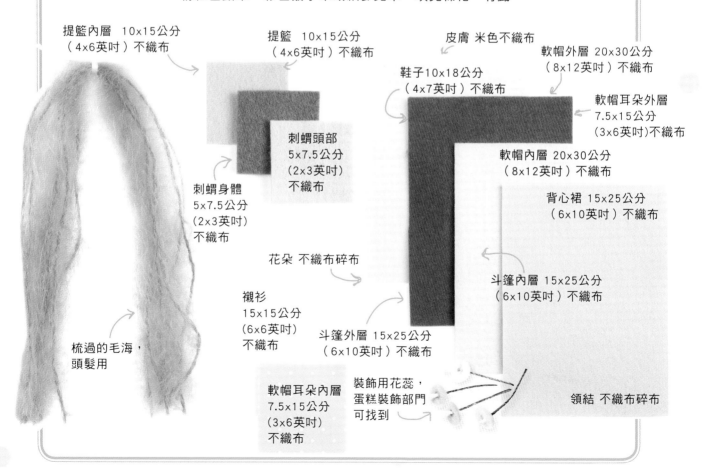

提籃內層 10x15公分（4x6英吋）不織布

提籃 10x15公分（4x6英吋）不織布

皮膚 米色不織布

軟帽外層 20x30公分（8x12英吋）不織布

鞋子10x18公分（4x7英吋）不織布

軟帽耳朵外層 7.5x15公分（3x6英吋)不織布

刺蝟頭部 5x7.5公分（2x3英吋）不織布

軟帽內層 20x30公分（8x12英吋）不織布

刺蝟身體 5x7.5公分（2x3英吋）不織布

背心裙 15x25公分（6x10英吋）不織布

花朵 不織布碎布

斗篷內層 15x25公分（6x10英吋）不織布

襯衫 15x15公分（6x6英吋）不織布

梳過的毛海，頭髮用

斗篷外層 15x25公分（6x10英吋）不織布

軟帽耳朵內層 7.5x15公分（3x6英吋）不織布

裝飾用花蕊，蛋糕裝飾部門可找到

領結 不織布碎布

① 參照基礎娃娃的做法步驟,到頭髮的步驟10為止(見P17〈一做就上手的基礎娃娃〉)。

頭髮

① 髮型的整理,全部梳到後面,用細緞帶綁成一束。

軟帽

① 使用水消筆,按照軟帽帽頂及側邊上所有的標記點線和X,畫在剪好的布織布上。

② 對齊側邊和帽頂的標記點A,反面朝內相對,用幾支珠針沿著頂部邊緣固定(見圖**A**)。

③ 對齊側邊和帽頂的標記點B,用細密的鎖邊縫(見P118〈手縫針法介紹〉)縫合側邊弧度和帽頂邊緣,從標記點A到B(見圖**A**)。另一邊也一樣。

圖**A**

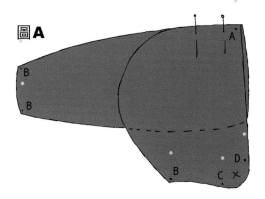

④ 重複軟帽步驟1-3,縫合軟帽內層。

⑤ 將內層翻過來,不織布反面朝外。把內層塞進外層,慢慢地將內層全部塞入,對齊兩邊的縫線(見圖**B**)。然後用珠針固定內層與外層的邊緣。

圖**B**

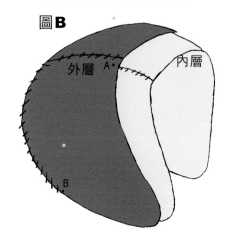

外層　　內層

⑥ 用與內層顏色互相搭配的對比色繡線(棉線)雙股穿針,以細密的布邊縫(見P118〈手縫針法介紹〉)縫合軟帽開口邊緣,從軟帽後方B點的縫線延續下去到軟帽底部的C點(見圖**C**)。

圖**C**

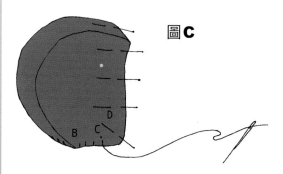

⑦ 輕輕掀起C點和D點中間的部分,然後將18公分(7英吋)長的包邊帶置於標記X的位置,用珠針固定。從軟帽內層插入珠針,這樣等包邊帶縫好之後比較容易將珠針取下(見圖**D**)。

⑧ 用珠針固定C點和D點之間的邊緣,繼續用布邊縫縫合軟帽前緣,直到另一側的C點和D點為止。

⑨ 現在同步驟7，將包邊帶置於另一側的標記X（見圖**D**）。

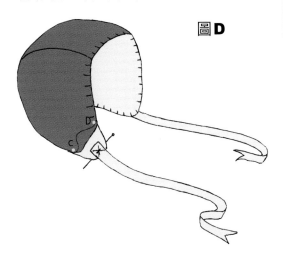

圖**D**

⑩ 用珠針固定C點和D點之間的邊緣，繼續用布邊縫縫合軟帽底部，直到回到原來的起始點為止。最後打結剪斷。

▲ 披肩的帽子及小鹿耳朵，是整個披肩的靈魂所在。要縫得仔細，才能讓帽子及耳朵有立體感。

小鹿耳朵

① 在剪好的耳朵不織布上，以消水筆標記點A、B、C和D 。

② 耳朵的製作，先將耳朵內層疊在耳朵外層上，反面朝內相對，用珠針固定後，以鎖邊縫縫合從A點到B點的頂部外緣（見圖**E**）。

③ 將耳朵底部的角往內折，B點對齊D點，用布邊縫縫合底部邊緣。再將耳朵底部的另一個角往內折，A點對齊C點，同樣用布邊縫縫合這一側的底部邊緣（見圖**F**）。

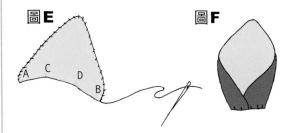

圖**E**

A　C　　D　　B

圖**F**

④ 現在將耳朵底部用珠針固定在軟帽側邊標記的區域。用梯形縫（見P118〈手縫針法介紹〉）將耳朵的前後側都縫合在軟帽側邊上（見圖**G**）。如果耳朵還是有點不牢固，可以前後再加一道梯形縫加強。

⑤ 重複小鹿耳朵步驟2-4，完成另一隻耳朵（見圖**G**）。

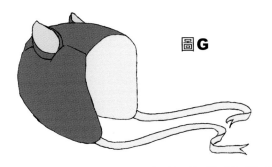

圖**G**

斗篷

① 使用水消筆，按照斗篷紙型上所有的標記點線，畫在剪好的不織布上。

② 按照標記線的位置，將剪好的假口袋不織布片，置於斗篷外層不織布片正面的虛線間，然後用貼布縫（見P118〈手縫針法介紹〉）縫合，留下口袋向外的長邊不要縫，形成一種斗篷上真的有口袋的假象。

③ 用鎖邊縫將斗篷外層兩側的剪角縫合，確認是從不織布的反面下針，然後輕輕向外推出並撫順縫線（見圖**H**）。用同樣方式縫合內層不織布片的剪角。

圖H

④ 將斗篷內層疊在外層上，反面朝內相對，對齊剪角部分。用珠針固定兩塊不織布的邊緣。

⑤ 用與內層顏色搭配的對比色繡線，雙股穿針，以布邊縫縫合斗篷外緣，從A點縫到對側的B點。領口邊緣不要縫，線頭不要打結剪斷。

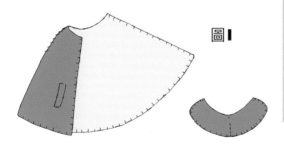

圖I

⑥ 在外層領口邊緣的A點到B點加上布邊縫（見圖**I**）。

⑦ 將領子置於斗篷領口，對齊領子和斗篷領口的A、B、C點，用珠針固定。用布邊縫縫合領子與斗篷領口，使用步驟5留下的線（見圖**J**）。

⑧ 將背鉤與鉤眼分別縫在斗篷正面領口邊緣下方的兩側（見圖**J**）。

圖J

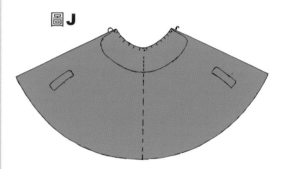

▲ 深色的披肩讓裡面的背心裙更顯可愛，用背鉤組讓披肩穿脫方便。

✿ 上衣 ✿

1. 使用水消筆，按照襯衫紙型上所有的標記點，畫在剪好的不織布上。

2. 將上衣從肩部上下對折，反面朝內相對。用鎖邊縫縫合兩側，從腋窩下的標記點縫到襯衫下緣（見圖**K**）。

3. 接下來在上衣的整個頸部開口、下緣和腋窩處加上布邊縫（見圖**L**）。這樣可以強化這些開口的地方，避免在幫娃娃換衣服時翻起。

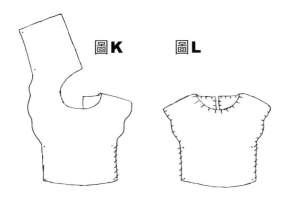

4. 在上衣背後領口下方兩側縫上壓扣。

✿ 背心裙 ✿

1. 使用水消筆，按照背心裙紙型上所有的標記點線和X，畫在剪好的不織布上。然後照著標記繡出背心裙下緣的花邊。

2. 單股繡線穿針，在背心裙的上緣A點到對側B點（見圖**M**）加上布邊縫， 線頭不要打結剪 。

3. 同樣照著標記繡出口袋的花邊，並置於背心裙上標記的位置。用布邊縫將口袋縫在背心裙上，縫合三邊，留下上方開口。

4. 將壓扣的母扣縫在背心裙正面的標記X上（見圖**M**）。

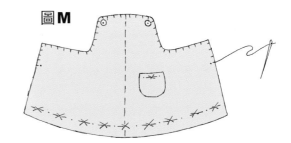

5. 將背心裙兩旁往後折，讓兩個側邊在背面對齊。用步驟2留下的線以鎖邊縫縫合側邊，從A、B點對齊處直到裙擺下緣。然後在背面縫線上方縫上壓扣（見圖**N**）。

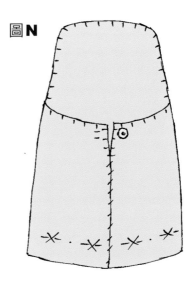

6. 吊帶的部份，在剪好的兩條不織布吊帶邊緣加上布邊縫。每一條吊帶的其中一端各縫上一顆壓扣的公扣，縫在不織布的反面（見圖**O**）。

⑦ 將吊帶翻過來正面朝上，小心地在縫了公
扣的位置上方縫上一顆小鈕扣（見圖**O**）。
幫娃娃穿上背心裙，將吊帶上的公扣扣上

圖O

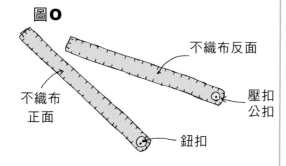

不織布反面

不織布
正面

壓扣
公扣

鈕扣

⑧ 背心裙正面的母扣，然後把娃娃轉過來背
面對著你。吊帶從肩膀拉到背後，在背後
交叉。把吊帶的另一端塞進背心裙裡，小
心地用珠針固定，如圖所示（見圖**P**）。

圖P

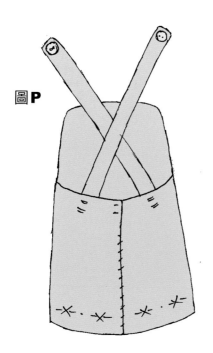

⑨ 鬆開背心裙正面的壓扣，小心地幫娃娃
脫下。

▲ 交叉的背心裙讓整體更顯俐落、可愛！

⑩ 將吊帶縫合，固定在背心裙背後的位
置。最後，剪好裙擺下緣需要的蕾絲
長度，在兩端各塗一小滴防鬚邊快乾
膠，放置到全乾。接著用珠針將蕾絲
花邊固定在裙擺下緣，用細密的直針
縫縫合固定（見圖**Q**）。

圖Q

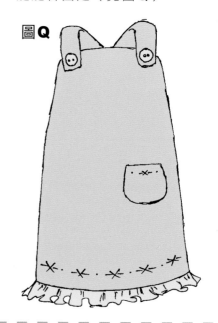

▲ 細密的針腳讓整件背心裙更精緻。

襪子

1. 使用水消筆，按照襪子紙型上標示的折線和標記點，畫在剪好的兩塊不織布上。

2. 襪子的製作，按照折線將襪子的上緣折到不織布的反面，用熨斗燙平。

3. 將襪子翻回正面，剪好襪子上緣需要的蕾絲長度，在兩端各塗一小滴防鬚邊快乾膠，放置到全乾。接著用珠針將蕾絲花邊固定在襪子上緣，用回針縫縫合固定（見圖**R**）。

圖R

4. 將襪子縱向對折，正面朝內相對，用珠針固定。用回針縫縫合邊緣，與邊緣往內大約4毫米（1/8英吋）處平行，從折下來的邊緣上端直到腳趾的標記點為止（見圖**S**）。然後將襪子翻回正面。

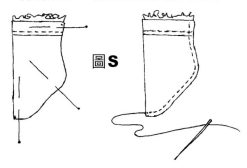

圖S

5. 重複步驟1-4，完成另一隻襪子。

▲ 蕾絲邊的襪子加上娃娃包鞋，整個優雅極了。

鞋子

1. 使用水消筆，按照鞋面和鞋底紙型上的標記點線，畫在剪好的不織布上。

2. 鞋子的製作，首先使用對比色繡線，在鞋面中央挖洞部分的邊緣與鞋面內緣加上布邊縫（見圖**T**）。

圖T

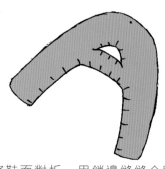

③ 然後將鞋面對折，用鎖邊縫縫合腳跟兩端（見圖**U**）。

圖U

④ 將鞋面置於鞋底上方，對齊腳跟與腳趾的標記點，用布邊縫將鞋面和鞋底縫合（見圖**V**）。

圖V

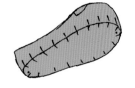

⑤ 重複鞋子步驟1-4，完成另一隻鞋子。

〜 提籃 〜

❶ 使用水消筆，按照提籃紙型側邊A上的標記X，畫在兩塊剪好的不織布上。

❷ 接下來繡出兩塊側邊B不織布上的小花和葉子圖案。每一朵花都用不同顏色的繡線，以雛菊繡完成（見P118〈手縫針法介紹〉）。每一片葉子都使用綠色繡線繡出一〈瓣〉的雛菊繡。

❸ 用鎖邊縫將兩塊側邊A較短的底邊與提籃底部的兩個短邊縫合。接著用鎖邊縫將兩塊側邊B較短的底部與提籃底部的兩個長邊（見圖**W**）。

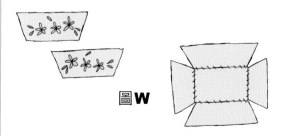

圖W

❹ 用鎖邊縫將側邊A與側邊B相鄰的邊都縫合起來。提籃內層的不織布片也按照同樣方式縫合。現在我們有兩個提籃了，進行到步驟7的時候，會把稍微小一點的提籃之後會塞進大一點的提籃外層，讓提籃更為牢固（見圖**X**）。

圖X

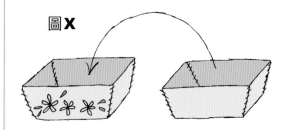

▲ 即使是提籃，也不馬虎，雛菊繡讓提籃更顯精緻。

⑤ 將提籃手把的不織布片縱向對折，用珠針固定，並用布邊縫縫合長邊。將把手壓扁，讓布邊縫置於中央，接著用布邊縫縫合兩端的短邊（見圖**Y**）。

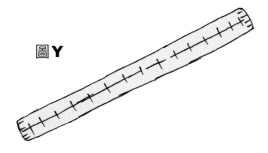

圖Y

⑥ 將提籃把手的一個短邊置於其中一個側邊A的內側，對齊這塊側邊靠近上端中央的標記X，用珠針固定。用細密的針腳將把手末端縫在提籃短邊的內側，以同樣方式縫合把手另一端。

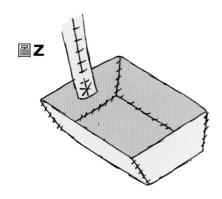

圖Z

⑦ 將提籃內層塞進提籃外層中，確認長側邊和短側邊相合，提籃內外層上緣對齊。然後用對比色的繡線以布邊縫將整個上緣縫合，以免內層脫落。提籃把手兩端記得也要縫下去固定（見圖**AA**）。

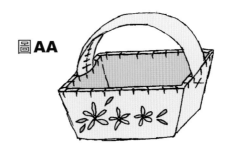

圖AA

🌿 花朵 🌿

① 小花的製作，先將花蕊剪成3公分（1 1/4英吋）長。如果整支花蕊是白色的，可以用綠色簽字筆將花梗部分著色。

② 在剪好的花朵不織布片上，用對比色的簽字筆在中央畫上一個小標記點，然後用錐子刺穿中央，開口要大到能夠插入花梗。

③ 花瓣和花蕊的數量可以按照自己的喜好準備。重複步驟1-2，將花梗插入花瓣中央便完成（見圖**BB**）。

圖BB

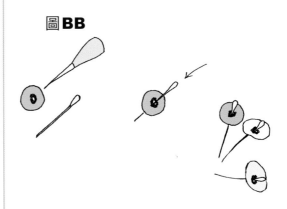

▲ 小小的刺蝟，模樣非常討喜。

刺蝟

1. 使用水消筆，將硬毛的標記圖案畫在刺蝟身體的不織布片上。眼睛、眉毛的標記圖案和額頭與頸部的標記點，畫在刺蝟頭部的不織布片上。然後用粉紅色鉛筆在耳朵的下半部塗色。

2. 使用雙股繡線在兩塊身體不織布上繡出硬毛的圖案（見圖**CC**）。我使用兩種不同的顏色創造出特殊的效果。

圖**CC**

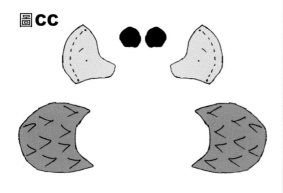

3. 將身體接在相對應的頭部，對齊身體頸部的曲線和額頭與頸部的標記點，然後用珠針固定。

4. 用貼布縫縫合身體頸部的曲線和頭部。在眼睛的標記位置各縫一顆珠珠，眼睛外緣加上一根短睫毛，眼睛上方加上一點點眉毛（見圖**DD**）。

圖**DD**

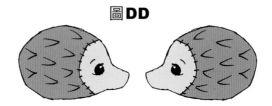

5. 兩塊刺蝟的不織布片，反面朝內相對疊好，用珠針固定。使用和頭部顏色搭配的繡線，以鎖邊縫從頸部開始縫合頭部（見圖**EE**）。

圖**EE**

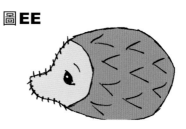

6. 現在，使用和身體顏色搭配的繡線，以布邊縫縫合身體，從身體和頭頂相接的地方開始，直到背部的底部標記點為止。

7. 塞入小塊的填充棉花，用竹籤輕輕推入口鼻部位。口鼻塞好棉花之後，繼續將頭部塞滿棉花，小心地用竹籤推入，好讓棉花平均充滿。

8. 用粉紅色繡線穿針，穿入刺蝟身體底部的開口，再從口鼻部頂端的某個點穿出來。使用緞面繡繡出一個小小的鼻子，然後打結剪斷（見圖**FF**）。

圖**FF**

⑨ 將身體塞滿棉花，繼續用布邊縫縫合身體底部的開口。

⑩ 將刺蝟耳朵對折，在耳朵底部縫上幾針布邊縫，以便保持形狀（見圖**GG**）。線頭不要打結剪斷，因為之後要用這段線把耳朵縫在頭上。

圖**GG**

⑪ 用珠針將兩隻耳朵從底部固定在頭上，仔細檢查兩隻耳朵是不是對稱且朝向前方（見圖**HH**）。覺得位置沒問題之後，用梯形縫將耳朵的前後側都縫在頭上。

圖**HH**

⑫ 將剪好的蝴蝶結置於其中一隻耳朵下方，用珠針固定（見圖**II**）。用線穿針，從頸部和身體連接處穿入，從蝴蝶結中央偏離中心點一些的地方出來，縫一小針，然後再穿回頸部和身體連接處，打結剪斷。

⑬ 最後，用粉紅色鉛筆在兩頰塗上一點顏色，將刺蝟置於提籃中，搭配一些小花（見圖**II**）。

圖**II**

森林系女孩紙型

同時使用基礎娃娃的紙型（見P17〈一做就上手的基礎娃娃〉）。

所有紙型都是實物尺寸，不需要放大或縮小。

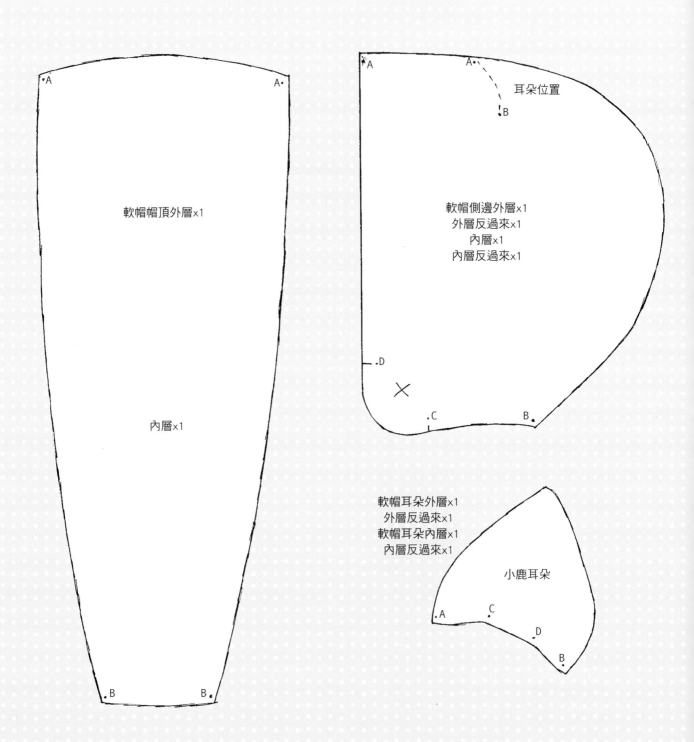

軟帽帽頂外層x1

內層x1

耳朵位置

軟帽側邊外層x1
外層反過來x1
內層x1
內層反過來x1

軟帽耳朵外層x1
外層反過來x1
軟帽耳朵內層x1
內層反過來x1

小鹿耳朵

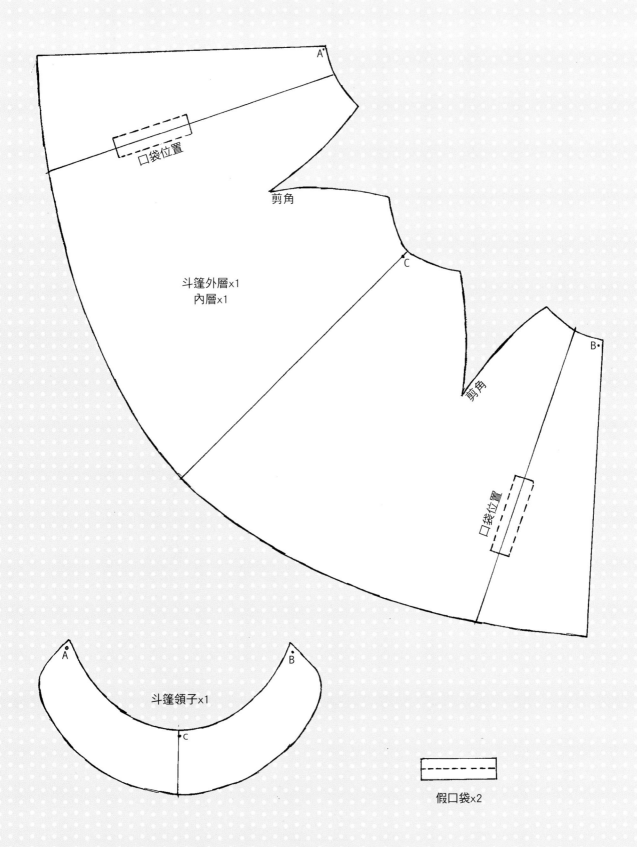

斗篷外層x1
內層x1

口袋位置

剪角

剪角

口袋位置

斗篷領子x1

假口袋x2

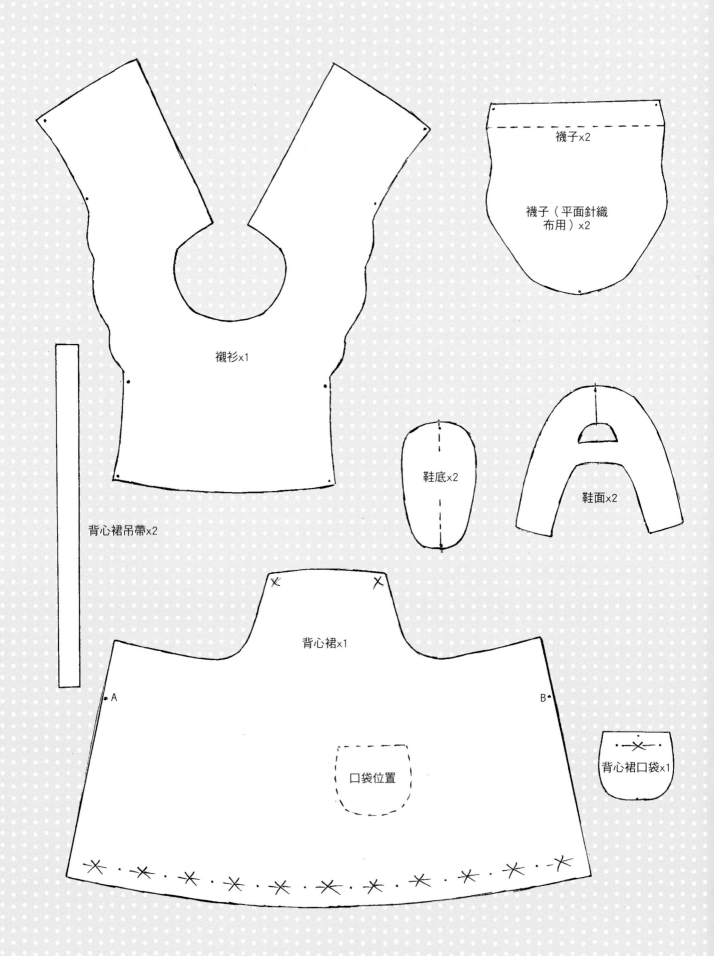

襪子x2

襪子（平面針織
布用）x2

襯衫x1

背心裙吊帶x2

鞋底x2

鞋面x2

背心裙x1

A

B

口袋位置

背心裙口袋x1

提籃把手x1

花朵x需要的數量

提籃底部x1

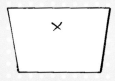

提籃側邊Ax2

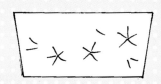

提籃側邊Bx2

提籃內層x1

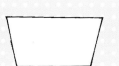

提籃側邊A內層x2

提籃側邊B內層x2

刺蝟蝴蝶結x1

刺蝟耳朵x2

刺蝟身體x1

刺蝟頭部x1

刺蝟頭部x1

刺蝟身體x1

想要打造出具有個人特色的娃娃，不妨參考書裡的一些小道具，或是發揮個人創意，利用一些意想不到的點子，為你的朋友和家人製作一隻獨一無二的小娃娃。

換個髮型

可以挑選和對方頭髮一樣顏色的羊毛（毛線），或是類似的質地，譬如表面起毛的珠毛呢可以營造出卷髮的效果，彎彎曲曲的冰島羊毛線可以呈現波浪的效果。我在下一頁提供了一個表格，詳列了各個娃娃使用的羊毛線或混紡毛線以及顏色（見P115〈娃娃頭髮使用的羊毛（毛線）〉），不過你可以選用任何自己喜歡的毛線來創作。

你也可以參考書中的各種髮型創意。在娃娃完成，後腦杓的膠水完全乾了以後，可以仔細修剪尾端，或是像馬戲團團長（見P77〈魅力十足馬戲團團長〉）那樣剪成短髮。如果要修剪頭髮的話，最好是讓娃娃光著身體，以免毛線屑屑黏到衣服上。

這裡提供一些範例參考，在你自己的娃娃上可以使用這些不同的顏色和材質。

剪頭髮的時候，第一步是將所有沒有上膠的頭髮都梳起來綁好，先放著不要處理，只留下用工藝膠黏在後腦杓的那層頭髮。放一張廚房紙巾在娃娃背部，接在頭髮下方，這樣剪下來的毛屑就不會黏在皮膚上。決定頭髮要多短，小心修剪，從背後中央開始分別往兩旁修。然後把上層頭髮放下來蓋住下層，按照下層的長度剪齊。

如果要剪瀏海，注意一次只能剪一股毛線。從兩眉間的中央部分開始，分別往兩旁修。剪的時候不要把毛線拉得太緊，因為這樣剪完可能會縮得比你想剪的要短。最後，可以用小髮夾、髮束和漂亮的緞帶來裝飾頭髮。

參照上述的簡單步驟來幫娃娃剪頭髮及瀏海。

娃娃頭髮使用的羊毛（毛線）

芭蕾娃娃	Lett-Lopi Lite	稻草色，1418號
馬戲團團長、海灘寶貝	Lett-Lopi Lite	黑色，0059號
約會女郎	Lett-Lopi Lite	駝色，1400號
可愛女學生	Louisa Harding Grace	肥皂色，052號
小公主	Juniper Moon Farm Moonshine	杜松月球農場月光，螺貝色，003號
花仙子	Juey BFL Ice Cream DK	薰衣草色，06號
小美人魚	Blue Sky Alpacas Brushed Suri	藍天羊駝磨毛幼羊駝毛，粉檸色，907號
晚安娃娃	Wendy Aspire	蒸氣色，3243號
小小旅行家	Freia Fibers Hand Dyed gra	芙蕾雅織品手工染色漸層毛線，精靈漸層色
森林系女孩	Mohair Smooth Waldorf Doll Yarn	毛海柔順華爾道夫娃娃毛線，薑黃色

像頭髮一樣,你也許會想讓自己的娃娃擁有與眾不同的膚色和眼睛。市面上有很多不同膚色的不織布,本書中我也挑了幾種來使用。同時,安全眼珠也有很多不同顏色,很容易就能找到和娃娃未來的主人一樣的眼睛顏色。

這裡提供一些範例參考,可以使用在你自己的娃娃膚色:陽光的古銅色、金黃的焦糖色、水蜜桃奶油色,還有白皙的陶瓷色。

搭配服飾

書中不同主題所介紹的許多服飾都可以互相混搭，創造出全新的打扮。舉例來說，可以用可愛女學生的短裙（見P91〈朝氣蓬勃的女學生〉），搭配小公主（見P61〈氣質優雅的小公主〉）、森林系少女（見P99〈可愛的森林系女孩〉），或晚安娃娃（見P69〈晚安娃娃輕唱搖籃曲〉）的上衣，這樣就是一套甜美的短袖夏裝。

海灘寶貝的大海灘帽（見P47〈海灘寶貝衝浪去！〉），如果配上小小旅行家的背心裙（見P85〈周遊列國的小小旅行家〉），也會非常可愛，這樣的穿著很適合去參加下午茶會。另外，馬戲團團長的長褲（見P77〈魅力十足的馬戲團團長〉）可以用有

花紋或彩色的不織布來製作，搭配任何一種上衣，都能讓人眼睛一亮。

如果喜歡運動的話，拿掉睡衣褲上的蕾絲花邊（見P69〈晚安娃娃輕唱搖籃曲〉），就變成了一套運動服，可以用你所喜歡的球隊代表色來製作。在上衣繡上球員或球隊的名字，更能展現獨一無二的特色。

修改書中介紹的睡衣褲，製作出運動迷喜歡的服飾。

混搭各個主題中的服飾，創造全新的感覺，就像這裡的範例一樣。

手縫針法介紹

　　本書中所有的娃娃都是設計以手縫製作，使用基礎的縫法搭配一些簡單的刺繡針法。在每個主題的做法中都會詳加敘述。如果你從來沒有嘗試過手縫或刺繡，我建議你可以先拿一塊不織布來練習每一種針法。請記得，所有的針腳都要盡可能細小、緊密、平均，這樣縫出來才會乾淨漂亮，填充棉花也才不會從縫線中跑出來。等到你覺得自己已經熟練這些針法，就可以開始製作可愛的娃娃和衣服了。

布邊縫

這是一種簡單的直線縫法，常用於縫在布邊做為裝飾。穿好線的針從A點出來再從B點下去，然後再從C點出來。記得線要壓在針的下方，輕輕拉緊不要讓針腳鬆掉，形成一個直角。接下來則是從D點下針，保持線壓在針的下方，從E點穿出來。

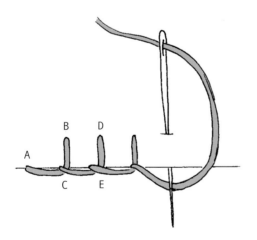

鎖邊縫

這是將兩片不織布邊緣縫合的最基本縫法。先從其中一塊不織布的反面下針，然後從正面的A點出來，接著從另一塊不織布反面的B點下去，穿過兩層布，從對側的C點出來。重複這個針法，縫合兩塊布的邊緣。

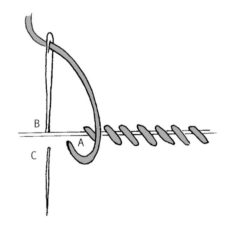

梯形縫

梯形縫又稱盲針縫或藏針縫，通常是用來縫合開口，或是縫合兩個部分，譬如頭部和身體。這種針法是在頭部和頸部接合的邊緣來回縫合，兩邊各縫一點直到全部完成。拉緊之後會形成一道隱形的縫線連結頭部和身體的頸部。首先針從A點出來，從B點下去然後C點出來，再從D點下去然後E點出來，反覆進行。可以不時輕輕拉緊，讓縫線不見。記得在縫製的時候要讓針腳細小、緊密、平均。

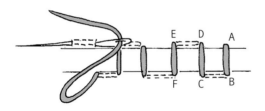

小訣竅

梯形縫不要拉得太緊，
不然會讓頭部和頸部的
縫線顯得凹凸不平。

莖幹繡

莖幹繡又稱輪廓繡。縫線結實而且稍微有點立體，非常適合用於繡出弧線邊緣，例如娃娃的嘴唇和鼻子。針從A點出來，然後從B點下去，用拇指壓住線，然後從A點和B點中間的C點出來。放開拇指下的線，輕輕拉緊。反覆地進行，保持針腳的細密。

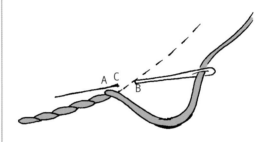

回針縫

和莖幹繡有點類似。縫線細緻而且稍微有點立體，很適合用於輪廓與細節。將穿了線的針從A點出來，然後從B點下去，縫出一道直針。將針帶到C點出來，然後再從A點下去，縫出另一道直針。接著針從C點前面距離一道針腳長的地方出來，再從C點下去，反覆進行。

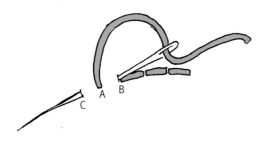

貼布縫

貼布縫通常用於將較小塊的不織布縫在較大塊的不織布上。首先將小塊不織布擺好位置，從不織布的反面下針，從A點出來，接著從B點下去，從C點出來。反覆進行直到將較小塊的不織布完全縫合固定。

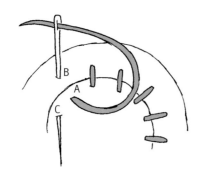

直針縫、縮口縫和平針縫

這些針法都是使用同一種基礎技巧，全部的針腳都應該要一樣長，而且間隔要一樣寬。基本直針可以用於繡出小睫毛或眉毛。平針縫多半是沿著直線或弧線縫製，針腳的間隔平均相等。縮口縫和平針縫的針法相同，但會把線拉緊，讓布片、緞帶、包邊帶或花邊產生集中起來的效果。從不織布的反面下針，從A點出來，然後從B點下去。接著針從B點往前一道針腳的地方出來，再從C點的位置下去，反覆進行。

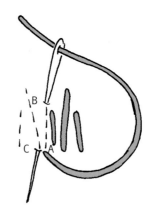

120

緞面繡

緞面繡最常用於填滿某個區塊，就像是兒童著色本一樣，在線內填滿顏色。基礎的緞面繡是緊密的平行直針。雖然技巧很簡單，不過可以的話還是多練習幾次，才能繡得漂亮。穿了線的針從A點出來，B點下去，再從C點出來，反覆進行直到填滿整個區塊。很重要的一點是緊度從頭到尾都要平均，這樣繡出來的區塊才會平滑像綢緞一樣。

雛菊繡

又稱分離鎖鏈繡。這種針腳不會連在一起，通常會繡成環狀，看起來像是花瓣一樣。如果只繡單獨一道，又可以當做小葉子。從不織布正面虛線尖端的A點出來。繡線繞一個圈回到A點，然後從B點下去，壓住圈圈並拉線，讓圈圈平貼布面。接著針從C點出來，並在圈圈上縫一小針下去固定。接著針再從另一個虛線尖端的A點出來，反覆進行直到花朵完成。

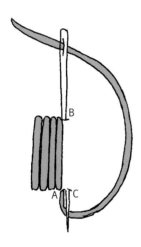

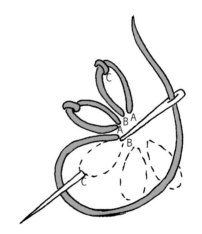

小訣竅

緞面繡的每一針都要緊密，針腳之間不要有空隙，但也不要重疊。

▲ 利用雛菊繡繡出的圖案。

不織布哪裡買？

　　心動了嗎？只要幾項簡單的材料及工具，就可以立刻動手做一個屬於自己的不織布娃娃！本書特別介紹北中南幾家工藝材料行，讀者可以自行前往。唯一要注意的是營業資訊隨時在變，若能 在出發前先打電話詢問，較能減少撲空的機會。

北部

小熊媽媽手工藝股份有限公司
網址：www.bearmama.wenbi.net/
地址：台北市大同區重慶北路一段30號B1
電話：02-2550-8899
營業時間：10:00-20:00

東美飾品材料行
地址：台北市長安西路235號
電話：02-2558-8437
營業時間：10:00-18:00（周日公休）

增樺DIY手工藝材料行
地址：台北市長安西路332號
電話：02-2556-7966
營業時間：09:30-19:00（周日公休）

瑞山手工藝行
網址：www.redsun.com.tw/home.php
地址：台北市延平北路一段65號
電話：02-2550-8715
營業時間：09:00-21:00

承薪企業有限公司　五福飾品
網址：www.cxe.com.tw/index.php
公司〈旗鑑店〉
地址：新北市中和區建康路103號
門市：台北市延平北路一段72號
電話：02-2222-2300/02-2559-0500
營業時間：11:00-18:00（周日公休）

碧桃企業有限公司
地址：台北市迪化街21號
　　　（永樂市場一樓1194號）
電話：02-25580940
營業時間：09:00-18:00（周日公休）

水晶超市
地址：台北市延平北路一段19號
電話：02-25550025
營業時間：11:00-21:00

介良手工藝行
地址：台北市民樂街11號〈永樂市場旁〉
電話：02-25588527
營業時間：10:00-18:30（周日公休）

士林毛線超市
地址：台北市中山北路五段607號2樓
電話：02-2831-3777
營業時間：09:20-21:30（周日公休）

福華手藝毛線行
地址：新北市板橋區民享街64號
電話：02-2951-5783
營業時間：12:00-23:00（周日公休）

小珍珍手藝行
地址： 台北市辛亥路一段34巷6號
電話： 02 2363 8168
營業時間：10:00-21:00（周日至19:00）

中部

理想佳手工藝材料行
地址：台中市旅順路一段87號
電話：04-2298-7982
營業時間：13:00-20:00
　　　　　（周六至18:00，周日公休）

德昌手藝生活館
網址：www.diy-crafts.com.tw
地址：台中市三民路二段83號
電話：04-2222-5436
營業時間：10:00-19:00

星月珠國際有限公司(藝新)
地址：台中市復興路一段438號
電話：04-2261-0969
營業時間：09:00-18:00（周日至17:00）

巧藝社
網址：www.cais.com.tw
地址：台中市河南路451號
電話：04-2702-5858
營業時間：12:00-21:00
　　　　　（周六、日10:00-21:00）

南部（高雄）

巧虹城
地址：高雄市新興區文橫一路15號
電話：07-251-6472
營業時間：12:00-21:00（周日公休）

玩9創意DIY手工藝品材料專賣店
地址：高雄市前金區新田路180號
電話：07-221-1818
營業時間：10:00-22:00（周日公休）
陽鐘拼布飾品材料DIY
地址：高雄市前鎮區中山二路258號
電話：07-333-5525
開放時間：10:00-21:00

體驗工坊手藝材料專賣店
地址：高雄市新興區中山一路265號
電話：07-287-8858
營業時間：12:00-21:00

宏偉工藝材料行
地址： 高雄市三民區十全一路369號
電話： 07 322 7657
開放時間：09:30 - 21:00（周日公休）

鈺巧手藝坊
地址：高雄市左營區軍校路638號
電話：07-365-4531
營業時間：09:00-19:00（周日公休）

金美水晶珠
網站：www.chinmei168.com.tw
地址：高雄市左營區崇德路89號
（門市，不開放參觀，只供取貨）
電話：07-341-4490草莓丸子
地址：高雄市三民區大昌一路63號
電話：07-381-0925
營業時間：12:00-21:00（周日公休）

千珧DIY手創館
地址：高雄市左營區辛亥路197號
電話：07-556-3677（周日公休）
營業時間：11:00-18:00

自遊自在手作材料行
地址：高雄市三民區覺民路317號
電話： 07-386-5222
營業時間：10:00-21:00（周日公休）

十全手藝行
地址：高雄市鳳山區光遠路60號
電話：07-742-3350
營業時間：10:00-22:00（周日公休）

竹香坊手工藝品行
地址：高雄市鳳山區瑞竹路119號
電話： 07-742-4379
營業時間：09:00-21:30（周日公休）

超可愛不織布娃娃和配件
原寸紙型輕鬆縫、簡單做

國家圖書館出版品預行編目

超可愛不織布娃娃和配件：原寸紙
型輕鬆縫、簡單做
雪莉‧唐恩(Shelly Down) 著；徐
曉珮 譯；──初版──
臺北市：朱雀文化，2016.09
面；公分──（Hands；047）
ISBN 978-986-93213-8-9(平裝)
1.玩具 2.手工藝
426.78　　　　　105016440

作者│雪莉‧唐恩(Shelly Down)
譯者│徐曉珮
美術設計│許維玲
編輯│劉曉甄
行銷│石欣平
企畫統籌│李橘
總編輯│莫少閒
出版者│朱雀文化事業有限公司
地址│台北市基隆路二段13-1號3樓
電話│02-2345-3868
傳真│02-2345-3828
劃撥帳號│19234566　朱雀文化事業有限公司
e-mail│redbook@ms26.hinet.net
網址│http://redbook.com.tw
總經銷│大和書報圖書服份有限公司(02)8990-2588
ISBN│978-986-93213-8-9
初版一刷│2016.09
定價│380元

My Felt Doll: 12 easy patterns for wonderfully whimsical dolls
Copyright © Shelly Down, David & Charles, 2015
an imprint of F&W Media International, LTD. Brunel House, Newton
Abbot, Devon, TQ12 4PU
Complex Chinese Edition©Red Publishing Co. Ltd

出版登記│北市業字第1403號
全書圖文未經同意不得轉載和翻印 本書如有缺頁、破損、裝訂
錯誤，請寄回本公司更換

About 買書

●朱雀文化圖書在北中南各書店及誠品、金石堂、何嘉仁等連鎖書店，以及博客來、讀冊、
PC HOME 等網路書店均有販售，如欲購買本公司圖書，建議你直接詢問書店店員，或上網
採購。如果書店已售完，請電洽本公司。

●●至朱雀文化網站購書（http：//redbook.com.tw），可享 85 折起優惠。

●●●至郵局劃撥（戶名：朱雀文化事業有限公司，帳號 19234566），掛號寄
書不加郵資，4 本以下無折扣，5 ～ 9 本 95 折，10 本以上 9 折優惠。